WERKSTATTBÜCHER

FÜR BETRIEBSBEAMTE, KONSTRUKTEURE U. FACHARBEITER
HERAUSGEGEBEN VON DR.-ING. H. HAAKE VDI

Jedes Heft 50—70 Seiten stark, mit zahlreichen Textabbildungen
Preis: RM 2.— oder, wenn vor dem 1. Juli 1931 erschienen, RM 1.80 (10% Notnachlaß)
Bei Bezug von wenigstens 25 beliebigen Heften je RM 1.50

Die Werkstattbücher behandeln das Gesamtgebiet der Werkstattstechnik in kurzen selbständigen Einzeldarstellungen; anerkannte Fachleute und tüchtige Praktiker bieten hier das Beste aus ihrem Arbeitsfeld, um ihre Fachgenossen schnell und gründlich in die Betriebspraxis einzuführen.
Die Werkstattbücher stehen wissenschaftlich und betriebstechnisch auf der Höhe, sind dabei aber im besten Sinne gemeinverständlich, so daß alle im Betrieb und auch im Büro Tätigen, vom vorwärtsstrebenden Facharbeiter bis zum leitenden Ingenieur, Nutzen aus ihnen ziehen können.
Indem die Sammlung so den einzelnen zu fördern sucht, wird sie dem Betrieb als Ganzem nutzen und damit auch der deutschen technischen Arbeit im Wettbewerb der Völker.

Einteilung der bisher erschienenen Hefte nach Fachgebieten

I. Werkstoffe, Hilfsstoffe, Hilfsverfahren

Heft

Das Gußeisen. 2. Aufl. Von Chr. Gilles 19
Einwandfreier Formguß. 2. Aufl. Von E. Kothny 30
Stahl- und Temperguß. 2. Aufl. Von E. Kothny 24
Die Baustähle für den Maschinen- und Fahrzeugbau. Von K. Krekeler 75
Die Werkzeugstähle. Von H. Herbers 50
Nichteisenmetalle I (Kupfer, Messing, Bronze, Rotguß). 2. Aufl. Von R. Hinzmann 45
Nichteisenmetalle II (Leichtmetalle). 2. Auflage. Von R. Hinzmann 53
Härten und Vergüten des Stahles. 4. Aufl. Von H. Herbers 7
Die Praxis der Warmbehandlung des Stahles. 4. Aufl. Von P. Klostermann 8
Elektrowärme in der Eisen- und Metallindustrie. Von O. Wundram 69
Brennhärten. Von H. W. Grönegreß 89
Die Brennstoffe. Von E. Kothny 32
Öl im Betrieb. Von K. Krekeler 48
Farbspritzen. Von R. Klose 49
Rezepte für die Werkstatt. 4. Aufl. Von F. Spitzer. (Im Druck) 9
Furniere — Sperrholz — Schichtholz I. Von J. Bittner 76
Furniere — Sperrholz — Schichtholz II. Von L. Klotz 77

II. Spangebende Formung

Die Zerspanbarkeit der Werkstoffe. Von K. Krekeler 61
Hartmetalle in der Werkstatt. Von F. W. Leier 62
Gewindeschneiden. 3. Aufl. Von O. M. Müller 1
Wechselräderberechnung für Drehbänke. 4. Aufl. Von G. Knappe 4
Bohren. 3. Aufl. Von J. Dinnebier. (Im Druck) 15
Senken und Reiben. 2. Aufl. Von J. Dinnebier 16
Innenräumen. 2. Aufl. Von L. Knoll 26
Außenräumen. Von A. Schatz 80
Das Sägen der Metalle. Von H. Hollaender 40
Die Fräser. 2. Aufl. Von P. Zieting und E. Brödner 22
Das Fräsen. Von Dipl.-Ing. H. H. Klein 88
Das Einrichten von Automaten I (Die Automaten System Spencer und Brown & Sharpe). Von K. Sachse. (Vergriffen) 21
Das Einrichten von Automaten II (Die Automaten System Gridley [Einspindel] und Cleveland und die Offenbacher Automaten). Von Ph. Kelle, E. Gothe, A. Kreil 23
Das Einrichten von Automaten III (Die Mehrspindel-Automaten, Schnittgeschwindigkeiten und Vorschübe). Von E. Gothe, Ph. Kelle, A. Kreil 27
Das Einrichten von Halbautomaten. Von J. v. Himbergen, A. Bleckmann, A. Wassmuth 36
Die wirtschaftliche Verwendung von Einspindelautomaten. Von H. H. Finkelnburg 81
Die wirtschaftliche Verwendung von Mehrspindelautomaten. Von H. H. Finkelnburg 71
Werkzeugeinrichtungen auf Einspindelautomaten. Von F. Petzoldt 83
Maschinen und Werkzeuge für die spangebende Holzbearbeitung. Von H. Wichmann 78

III. Spanlose Formung

Freiformschmiede I (Grundlagen, Werkstoff der Schmiede, Technologie des Schmiedens). 2. Aufl. Von F. W. Duesing und A. Stodt 11
Freiformschmiede II (Schmiedebeispiele). 2. Aufl. Von B. Preuss und A. Stodt . . 12
Freiformschmiede III (Einrichtung und Werkzeuge der Schmiede). 2. Aufl. Von A. Stodt 56

(Fortsetzung 3. Umschlagseite)

WERKSTATTBÜCHER
FÜR BETRIEBSBEAMTE, KONSTRUKTEURE UND FACHARBEITER. HERAUSGEBER DR.-ING. H. HAAKE VDI
HEFT 63

Der Dreher als Rechner

Wechselräder-, Kegel- und Arbeitszeitberechnungen in einfacher und anschaulicher Darstellung, zum Selbstunterricht und für die Praxis

Von

E. Busch

Magdeburg

Dritte, erweiterte Auflage
(11. bis 16. Tausend)

Mit 23 Abbildungen im Text, 19 Zahlentafeln und zahlreichen Übungsbeispielen

Springer-Verlag Berlin Heidelberg GmbH 1942

Inhaltsverzeichnis.

Seite

Vorwort des Herausgebers . . . 3

I. Allgemeines Rechnen . . . 3

A. Bruchrechnung: Gemeine Brüche . . . 3

1. Das Wesen der gemeinen Brüche S. 3. — 2. Das Erweitern der gemeinen Brüche S. 5. — 3. Das Kürzen der gemeinen Brüche S. 5. — 4. Das Malnehmen oder die Multiplikation der gemeinen Brüche S. 7. — 5. Das Teilen oder die Division der gemeinen Brüche S. 8.

B. Bruchrechnung: Dezimalbrüche . . . 10

6. Allgemeines von den Dezimalbrüchen S. 10. — 7. Das Erweitern S. 10. — 8. Das Kürzen S. 11. — 9. Das Gleichnamigmachen S. 11. — 10. Das Verwandeln von gemeinen Brüchen in Dezimalbrüche und umgekehrt S. 12. — 11. Das Malnehmen von Dezimalbrüchen S. 12. — 12. Das Teilen der Dezimalbrüche S. 13. — 13. Vom Malnehmen mit 10, 100, 1000 usw. S. 14. — 14. Das Teilen durch 10, 100, 1000 usw. S. 15.

C. Von den Verhältnissen und Proportionen . . . 15

15. Das Wesen der Verhältnisrechnung S. 15. — 16. Das Verhältnis als Bruch S. 17. — 17. Von der Proportion S. 18. — 18. Vom Vergleichen der Zahlen S. 19.

II. Das Berechnen von Wechselrädern . . . 20

A. Wechselräder und ihre Anordnung . . . 20

19. Hauptmaße und Übersetzungsverhältnisse von Wechselrädern S. 20. — 20. Das Zusammenbringen der Wechselräder S. 21. — 21. Gang-, Steigungs-, Radverhältnis S. 21.

B. Die Leitspindel hat Gangsteigung . . . 22

22. Das Arbeitsstück soll Gangsteigung erhalten S. 22. — 23. Das Arbeitsstück soll Zollsteigung erhalten S. 24. — 24. Das Arbeitsstück soll Millimetersteigung erhalten S. 25.

C. Die Leitspindel hat Millimetersteigung . . . 25

25. Das Arbeitsstück soll Millimetersteigung erhalten S. 25. — 26. Das Arbeitsstück soll Gangsteigung erhalten S. 25. — 27. Das Arbeitsstück soll Zollsteigung erhalten S. 26.

D. Wechselräder für Modulgewinde . . . 26

28. Modulgewinde S. 26. — 29. Die Leitspindel hat Gangsteigung S. 27. — 30. Die Leitspindel hat Millimetersteigung S. 28. — 31. Modulsteigung höchster Genauigkeit S. 28.

E. Drehbänke mit innerer Übersetzung . . . 29

32. Hebeleinstellung S. 29. — 33. Drehbänke für große Steigungen S. 31. — 34. Plangewinde S. 31.

F. Zahlentafeln für Wechselräder . . . 32

G. Das Rechnen mit Näherungswerten . . . 41

H. Schwindmaßgewinde . . . 45

J. Faktorentafel und ihre Anwendung . . . 46

K. Wie hilft man sich bei schadhaften Wechselrädern? . . . 48

III. Berechnungen beim Kegeldrehen . . . 49

A. Allgemeines über Winkel, Dreieck, Kegel . . . 49

35. Der Tangens S. 49. — 36. Etwas von den Flächen S. 51. — 37. Etwas von den Körpern S. 51.

B. Das Kegeldrehen . . . 54

38. Kurze Kegel: Schrägstellen des Werkzeugschlittens S. 54. — 39. Lange Kegel: Drehen mit Leitschiene S. 54.

IV. Arbeitszeitermittlung beim Drehen . . . 55

A. Die Hauptzeiten . . . 55

40. Die Drehzahlen der Hauptspindel (Drehspindel) S. 56. — 41. Berechnung der Laufzeit (Schnittdauer) S. 58. — 42. Allgemeine Laufzeitformel S. 60.

B. Die gesamte Arbeitszeit . . . 61

Abkürzungen.

Drsp = Drehspindel (Arbeitsstück)	LR = Leitspindelrad
Leitsp = Leitspindel	DG = Drehspindel- (Arbeitsstück-) Gänge
Gg = Gang; Gv = Gangverhältnis	LG = Leitspindelgänge
Steig = Steigung; Stv = Steigungsverhältnis	DSt = Drehspindel- (Arbeitsstück-) Steigung
Rv = Radverhältnis	LSt = Leitspindelsteigung
DR = Drehspindelrad	HKst = halbe Kegelsteigung; KL = Kegellänge

ISBN 978-3-662-42739-2 ISBN 978-3-662-43016-3 (eBook)
DOI 10.1007/978-3-662-43016-3

Vorwort des Herausgebers.

Auch der gut begabte Dreher kann aus technisch-wissenschaftlichen Büchern z. B. Werkstattbuch Heft 4 „Knappe, Wechselräderberechnung für Drehbänke", nur geringen praktischen Nutzen ziehen, weil ihm mathematische Vorkenntnisse in der Schule leider nur wenig vermittelt worden sind. Viele Facharbeiter haben aber den Wunsch, sich weiter zu bilden, um die „Theorie ihrer eigenen Arbeit" verstehen zu können, einen Wunsch, den man als Ziel jeder Berufsausbildung anerkennen sollte. Nur dann kommt der Mensch wirklich vom „Bedienen" zum „Beherrschen" der Maschine. Dazu gehört aber die Fähigkeit, die wichtigsten Vorgänge der Maschine rechnerisch zu erfassen, und diese Fähigkeit will das vorliegende Heft dem praktisch erfahrenen Dreher vermitteln. Es hat sich schon in erster Auflage als selbständig erschienenes Buch zahlreiche Freunde erworben und soll nun in weiteren Auflagen als „Werkstattbuch" im gleichen Sinne deutschen Facharbeitern zum Selbstunterricht dienen[1]. Vielleicht wird es auch Werkmeistern und Handwerkern ein treuer Begleiter in ihrer Praxis sein können.

Der Verfasser gibt dem strebsamen Leser insbesondere folgenden Rat: Der erste Teil dieses Heftes, der in anschaulicher und ausführlicher Weise in die Bruchrechnung einführen soll, enthält nichts Überflüssiges, und es ist unbedingt nötig, ihn Seite für Seite durchzuarbeiten, was je nach Vorbildung dem einen Leser schneller gelingen wird als dem andern. Alles Lernen von Regeln wird natürlich noch nicht zum Rechnen befähigen; darum begnüge man sich nicht damit, die beigefügten Aufgaben zu lösen, sondern nach diesen Mustern übe man an selbstgewählten Aufgaben bis zur vollständigen Sicherheit. Alles Hasten wird dabei nur vom Übel sein. Jeden Abend arbeite man nur ein kurzes Kapitel durch, dieses jedoch mit aller Gründlichkeit. Nach solch sorgfältiger Vorbereitung werden die übrigen Teile in desto kürzerer Zeit erledigt werden können und im Gefühle der Sicherheit mit weitaus größerer Freudigkeit.

I. Allgemeines Rechnen.

A. Bruchrechnung: Gemeine Brüche.

1. Das Wesen der gemeinen Brüche. $\frac{1}{2}$, $\frac{3}{7}$, $\frac{5}{9}$, $\frac{11}{15}$ sind gemeine Brüche.

$\frac{1}{2}$ will sagen, daß ich 1 Ganzes (Apfel, Meter, Liter) in 2 Teile geteilt habe. Dadurch entstanden 2 Hälften, von denen ich eine Hälfte meine. $\frac{1}{2}$ bedeutet demnach „1 geteilt in 2 Teile" oder 1 : 2. Der Bruchstrich ist zum Doppelpunkt (:) geworden. Der Bruchstrich wird deshalb auch vielfach als „geteilt durch" gelesen. $\frac{3}{4}$ liest man „drei Viertel", aber auch „drei geteilt durch vier" oder noch kürzer „drei durch vier". Jeder Bruch stellt demnach eine Aufgabe aus dem Gebiete des Teilens, oder mit dem Fremdwort[2]: aus dem Gebiete der Division dar.

[1] Die erste Auflage erschien als selbständiges Buch 1919, die zweite Auflage als Werkstattbuch 1937.

[2] Die noch vielfach gebräuchlichen Fremdwörter werden hier genannt, wir wollen aber nach Möglichkeit deutsch sprechen.

Jeder Bruch kann als Teilungsaufgabe und jede Teilungsaufgabe als Bruch aufgefaßt werden.

1. Aufgabe: Lies folgende Ausdrücke in doppelter Form nach beistehendem Muster: $\frac{4}{7}$ heißt vier Siebentel, aber auch 4 geteilt durch 7.

$\frac{17}{45}$, $\frac{26}{79}$, $\frac{3}{10}$, $\frac{17}{18}$, $\frac{45}{61}$, $\frac{131}{235}$, $\frac{8}{97}$, $\frac{56}{113}$, $\frac{87}{1003}$, $\frac{69}{263}$, $\frac{8}{19}$, $\frac{16}{61}$.

2. Aufgabe: Wie kann ich folgende Ausdrücke auch noch schreiben?

$3:8 = \frac{3}{8}$ $\quad 2:13 =$ $\quad 10:17 =$ $\quad 5:1 =$ $\quad 36:53 =$

$7:11 =$ $\quad 8:25 =$ $\quad 25:37 =$ $\quad 78:97 =$ $\quad 48:67 =$

Ein gemeiner Bruch besteht aus zwei Zahlen, die durch einen Querstrich, Bruchstrich genannt, getrennt werden. Die Zahl unter dem Bruchstrich heißt Nenner, weil sie nennt, in wieviel Teile das Ganze geteilt ist. Die Zahl über dem Bruchstrich heißt Zähler, weil sie die Anzahl der Teile, die ich meine, zählt. Zum Beispiel sagt in $\frac{7}{9}$ die 9, daß das Ganze in 9 Teile geteilt ist. Jeder Teil heißt „Neuntel". Die 9 ist also der Nenner. Die 7 sagt, daß ich von diesen Neunteln 7 Stück meine. Sie ist der Zähler.

Jeder Bruch besteht aus Zähler und Nenner. Wo steht der Zähler? Wo der Nenner?

Als selbstverständlich sehen wir es an, daß ein Ganzes zwei Hälften ($\frac{2}{2}$) oder vier Viertel ($\frac{4}{4}$) hat; ebenso hat das Ganze natürlich auch $\frac{3}{3}$, $\frac{5}{5}$, $\frac{101}{101}$, $\frac{89}{89}$ usw. Bei einem Ganzen ist der Zähler stets gleich dem Nenner.

3. Aufgabe: Verwandle 1 Ganzes in

$\frac{}{7}$, $\frac{}{12}$, $\frac{}{25}$, $\frac{}{36}$, $\frac{}{9}$, $\frac{}{64}$, $\frac{}{3}$, $\frac{}{10}$.

Wenn 1 Ganzes $\frac{2}{2}$ hat, so haben 2 Ganze $2 \times \frac{2}{2} = \frac{4}{2}$; 3 Ganze haben $3 \times \frac{2}{2} = \frac{6}{2}$ usw. 1 Ganzes $= \frac{8}{8}$; 7 Ganze $= 7 \times \frac{8}{8} = \frac{56}{8}$.

4. Aufgabe:

$7 = \frac{}{5}$ $\quad 2 = \frac{}{9}$ $\quad 13 = \frac{}{5}$ $\quad 11 = \frac{}{6}$ $\quad 8 = \frac{}{9}$ $\quad 9 = \frac{}{6}$ $\quad 16 = \frac{}{4}$ $\quad 5 = \frac{}{2}$

$10 = \frac{}{5}$ $\quad 25 = \frac{}{6}$ $\quad 14 = \frac{}{2}$ $\quad 4 = \frac{}{7}$ $\quad 8 = \frac{}{3}$ $\quad 14 = \frac{}{7}$ $\quad 56 = \frac{}{3}$.

„$5\frac{7}{9}$". In diesem Ausdruck stehen Ganze (5) mit einem Bruch ($\frac{7}{9}$) zusammen. Das nennt man eine gemischte Zahl. Da 1 Ganzes $\frac{9}{9}$ sind, so sind 5 Ganze $5 \times \frac{9}{9} = \frac{45}{9}$. Dazu treten noch $\frac{7}{9}$, so daß ich überhaupt $\frac{45}{9}$ und $\frac{7}{9} = \frac{52}{9}$ habe. Kurz: $5\frac{7}{9} = \frac{52}{9}$; $6\frac{3}{8} = \frac{51}{8}$; $17\frac{4}{5} = \frac{89}{5}$.

5. Aufgabe: Verwandle gemischte Zahlen in Brüche, z. B.:

$7\frac{3}{4} =$ $\quad 5\frac{3}{7} =$ $\quad 3\frac{13}{15} =$ $\quad 1\frac{17}{18} =$ $\quad 45\frac{3}{8} =$ $\quad 6\frac{2}{7} =$ $\quad 8\frac{10}{11} =$ $\quad 18\frac{2}{5} =$

$15\frac{3}{4} =$ $\quad 103\frac{1}{2} =$ $\quad 12\frac{5}{8} =$ $\quad 9\frac{3}{10} =$ $\quad 4\frac{2}{9} =$ $\quad 21\frac{5}{6} =$ $\quad 129\frac{2}{7} =$.

Übe außerdem an selbstgewählten Aufgaben bis zur vollständigen Sicherheit!

Wir vergleichen jetzt drei Ausdrücke: $\frac{5}{8}$; $\frac{11}{8}$; $3\frac{7}{8}$.

$\frac{5}{8}$: Der Zähler (5) ist kleiner als der Nenner (8). Das ist ein echter Bruch. Schreibe einige echte Brüche auf! ($\frac{4}{9}$, $\frac{3}{7}$, $\frac{13}{16}$, ...)

$\frac{11}{8}$: Der Zähler (11) ist größer als der Nenner (8). Das ist ein unechter Bruch. Schreibe einige unechte Brüche! ($\frac{18}{11}$, $\frac{25}{3}$, $\frac{4}{3}$ ...)

In jedem unechten Bruch stecken Ganze, die wir wieder heraussetzen können. In obigen $\frac{11}{8}$ bilden $\frac{8}{8}$ ein Ganzes. Außerdem sind noch $\frac{3}{8}$ übrig. $\frac{11}{8} = 1\frac{3}{8}$; $\frac{49}{6} = \frac{48}{6}$ und $\frac{1}{6} = 8\frac{1}{6}$.

6. Aufgabe: Verwandle in gemischte Zahlen:

$\frac{5}{2} =$ $\quad \frac{9}{4} =$ $\quad \frac{21}{4} =$ $\quad \frac{91}{15} =$ $\quad \frac{53}{8} =$ $\quad \frac{76}{15} =$ $\quad \frac{7}{4} =$ $\quad \frac{17}{8} =$ $\quad \frac{29}{7} =$

$\frac{18}{5} =$ $\quad \frac{69}{16} =$ $\quad \frac{105}{24} =$ $\quad \frac{11}{9} =$ $\quad \frac{27}{5} =$ $\quad \frac{37}{2} =$ $\quad \frac{31}{7} =$ $\quad \frac{84}{25} =$ $\quad \frac{825}{53} =$

Bei dieser 6. Aufgabe erinnere ich mich daran, daß ein Bruch ja weiter nichts ist als eine Divisionsaufgabe. $\frac{1468}{59}$ heißt auch $1468 : 59 =$

Sind die Zahlen für das Kopfrechnen zu groß, so löse ich in schriftlicher Form:

$1468 : 59 = 24$	Ergebnis: 24 Ganze und außerdem noch die übrigbleibenden 52, die durch 59 geteilt $\frac{52}{59}$ ergeben; also $\frac{1468}{59} = 24\frac{52}{59}$. Löse schwierige Formen nach diesem Muster!
118	
288	
236	
52	

$3\frac{7}{8}$: Hier handelt es sich, wie bereits bekannt, um eine gemischte Zahl. Jede gemischte Zahl läßt sich in einen unechten Bruch verwandeln. (Aufg. 5.)

Es gibt demnach echte Brüche, unechte Brüche und gemischte Zahlen.

2. Das Erweitern der gemeinen Brüche. $\frac{1}{2}$ *RM* sind 50 *Rpf*; $\frac{5}{10}$ *RM* sind ebenfalls 50 *Rpf*; denn $\frac{1}{10}$ *RM* oder 1 Groschen sind 10 *Rpf*; folglich sind $\frac{5}{10}$ *RM* 5 mal 1 Groschen = 50 *Rpf*. $\frac{1}{2}$ *RM* oder $\frac{5}{10}$ *RM* bezeichnen demnach dieselbe Menge; oder $\frac{1}{2}$ ist genau so groß wie $\frac{5}{10}$.

Hinsichtlich des Wertes ist kein Unterschied, nur die Zahlen sind im zweiten Bruch größer geworden; sie haben sich gleichsam geweitet. Aus dem Zähler $\frac{1}{\ }$ wurde eine $\frac{5}{\ }$, er ist also mit 5 malgenommen; denn $\frac{1}{\ } \times 5 = \frac{5}{\ }$. Aus dem Nenner $\frac{\ }{2}$ wurde eine $\frac{\ }{10}$, er ist also auch mit 5 malgenommen; denn $\frac{\ }{2} \times 5 = \frac{\ }{10}$. Wir sagen: Der Bruch ist erweitert worden.

Merke: Wir erweitern einen Bruch, indem wir Zähler und Nenner mit derselben Zahl malnehmen. Die Zahlen werden größer, aber der Wert bleibt unverändert.

1. Aufgabe: $\frac{4}{5}$ soll durch 7 erweitert werden. $\frac{4 \times 7}{5 \times 7} = \frac{28}{35}$.

Erweitere ebenso durch 7:

$\frac{3}{11} = \frac{21}{77}$	$\frac{2}{3} =$	$\frac{7}{15} =$	$\frac{8}{13} =$	$\frac{3}{14} =$	$\frac{3}{4} =$	$\frac{5}{16} =$
$\frac{7}{8} =$	$\frac{4}{9} =$	$\frac{9}{21} =$	$\frac{19}{21} =$	$\frac{1}{28} =$	$\frac{15}{28} =$	$\frac{11}{12} =$

2. Aufgabe:

a) Mache $\frac{2}{3}$ zu $\frac{\ }{24}$, $\frac{\ }{36}$, $\frac{\ }{15}$, $\frac{\ }{21}$, $\frac{\ }{63}$, $\frac{\ }{243}$, $\frac{\ }{54}$, $\frac{\ }{156}$, $\frac{\ }{48}$.

Anmerkung: Ich stelle zunächst fest, mit welcher Zahl der Nenner erweitert wurde; mit der gefundenen Zahl nehme ich nun auch den Zähler mal. Zum Beispiel $\frac{2}{3}$ zu $\frac{\ }{198}$ machen! Aus $\frac{\ }{3}$ sind $\frac{\ }{198}$ geworden. Die 3 ist demnach mit 66 malgenommen (denn $3 \times 66 = 198$) oder erweitert worden. Nun nehme ich den Zähler auch mit 66 mal: $\frac{2 \times 66}{3 \times 66} = \frac{132}{198}$.

b) Mache $\frac{4}{7}$ zu $\frac{\ }{21}$, $\frac{\ }{63}$, $\frac{\ }{14}$, $\frac{\ }{84}$, $\frac{\ }{49}$, $\frac{\ }{56}$, $\frac{\ }{371}$, $\frac{\ }{91}$, $\frac{\ }{28}$.

c) Mache $\frac{5}{9}$ zu $\frac{\ }{27}$, $\frac{\ }{45}$, $\frac{\ }{108}$, $\frac{\ }{369}$, $\frac{\ }{81}$, $\frac{\ }{585}$, $\frac{\ }{306}$, $\frac{\ }{63}$, $\frac{\ }{144}$.

3. Aufgabe: Welche andern Brüche haben ebenfalls den Wert von:

a) $\frac{1}{2}$, b) $\frac{3}{5}$, c) $\frac{6}{7}$, d) $\frac{3}{10}$, e) $\frac{13}{15}$, f) $\frac{17}{25}$, g) $\frac{5}{8}$, h) $\frac{2}{9}$?

Anleitung: $\frac{2}{3} = \frac{4}{6} = \frac{6}{9} = \frac{16}{24} = \frac{18}{27} = \frac{20}{30} = \frac{49}{72}$ usw.

4. Aufgabe: Bilde nach Muster von Aufgabe 3 noch viele selbstgewählte Aufgaben und übe bis zur vollständigen Sicherheit.

5. Aufgabe: Suche den passenden Nenner zu:

a) $\frac{4}{9} = \frac{72}{\ }$, $\frac{60}{\ }$, $\frac{112}{\ }$, $\frac{56}{\ }$, $\frac{8}{\ }$, $\frac{152}{\ }$, $\frac{236}{\ }$, $\frac{44}{\ }$, $\frac{160}{\ }$.

b) $\frac{11}{12} = \frac{44}{\ }$, $\frac{22}{\ }$, $\frac{99}{\ }$, $\frac{66}{\ }$, $\frac{110}{\ }$, $\frac{33}{\ }$, $\frac{88}{\ }$, $\frac{55}{\ }$, $\frac{121}{\ }$.

c) $\frac{2}{3} = \frac{70}{\ }$, $\frac{84}{\ }$, $\frac{36}{\ }$, $\frac{54}{\ }$, $\frac{82}{\ }$, $\frac{212}{\ }$, $\frac{48}{\ }$, $\frac{18}{\ }$, $\frac{56}{\ }$.

3. Das Kürzen der gemeinen Brüche. Wenn ich aus $\frac{2}{3}$ den Bruch $\frac{24}{36}$ mache, so handelt es sich nach Abschn. 2 um eine Erweiterung. Statt $\frac{24}{36}$ kann ich selbstverständlich wieder $\frac{2}{3}$ sagen. Diesmal sind die Zahlen des zweiten Bruches gegen die des ersten Bruches kleiner oder kürzer geworden, ohne daß der Wert des Bruches verändert wurde. Das nennt man das Kürzen der Brüche.

Merke: Ich kürze einen Bruch, indem ich Zähler und Nenner durch dieselbe Zahl teile. Die Zahlen werden kleiner, aber der Wert des Bruches bleibt derselbe.

In dem Beispiel $\frac{24}{36}$ kann ich sowohl Zähler als auch Nenner durch 2 teilen (kürzen), also $\frac{24:2}{36:2} = \frac{12}{18}$. $\frac{12}{18}$ kann ich nochmals durch 2 kürzen: $\frac{12}{18} = \frac{6}{9}$. $\frac{6}{9}$ kann ich durch 3 kürzen: $\frac{6}{9} = \frac{2}{3}$. $\frac{2}{3}$ ist nun nicht mehr zu kürzen.

Die Kürzung setze ich also so lange fort, bis Zahlen entstehen, die nicht mehr kürzbar sind. Geübte Rechner finden gleich die größeren und größten Zahlen, durch die man kürzen kann. Sie würden z. B. gleich sehen, daß $\frac{24}{36}$ durch 12 kürzbar ist; denn $\frac{24:12}{36:12} = \frac{2}{3}$. Das Schlußergebnis ist jedoch immer dasselbe.

Aufgabe: Kürze:

$\frac{4}{10} = \frac{2}{5}$	$\frac{9}{15} =$	$\frac{16}{52} =$	$\frac{144}{362} =$	$\frac{52}{904} =$	$\frac{24}{30} =$
$\frac{6}{8} = \frac{3}{4}$	$\frac{16}{32} =$	$\frac{6}{14} =$	$\frac{268}{720} =$	$\frac{360}{728} =$	$\frac{21}{27} =$
$\frac{15}{12} =$	$\frac{18}{20} =$	$\frac{30}{48} =$	$\frac{64}{244} =$	$\frac{35}{65} =$	$\frac{125}{275} =$

Bilde noch zahlreiche selbstgewählte Aufgaben zur Übung des Kürzens! Sehr wichtig!

Beim Kürzen kommt es darauf an, sofort zu erkennen, ob Zahlen überhaupt kürzbar (teilbar) sind. Ferner muß ich auch die Zahlen schnell erkennen können, durch die ich kürzen (teilen) kann. Darum etwas von der

Teilbarkeit der Zahlen. Viele Zahlen sind nicht teilbar: man nennt sie Primzahlen. (Von Primus, d. h. „erster“, weil sie sich nur durch die „Eins“ teilen lassen.) Primzahlen sind z. B. 1, 2, 3, 5, 7, 11, 13, 17, 19 usw. Suche die Primzahlen zwischen 1—100 auf.

Durch 2 lassen sich alle Zahlen teilen, deren letzte Stelle durch 2 teilbar ist (alle geraden Zahlen!): 8, 392, 756 872, 36 976, 1 675 924.

Durch 4 lassen sich alle Zahlen teilen, deren beide letzte Stellen durch 4 teilbar sind: 72, 3848, 15 796, 35 928, 13 764.

Durch 8 lassen sich alle Zahlen teilen, deren drei letzte Stellen durch 8 teilbar sind: 728, 135 328, 764 984, 1 794 592.

Durch 5 lassen sich alle Zahlen teilen, die am Ende eine 0 oder 5 haben: 15, 30, 1435, 26 380, 46 935.

Durch 10 lassen sich alle Zahlen teilen, die am Ende wenigstens eine Null haben: 50, 7320, 168 400, 26 538 000.

Durch 3 lassen sich alle Zahlen teilen, wenn ihre Quersumme durch 3 teilbar ist, z. B. 27 615. Ich bilde die Quersumme, indem ich die Ziffern der Reihe nach zusammenzähle, also $2 + 7 + 6 + 1 + 5 = 21$. 21 ist durch 3 teilbar, demnach auch die ganze Zahl 27 615. Ähnlich 31 752, 8 379 141, 2 157 069, 7290.

Durch 6 sind alle geraden Zahlen, deren Quersumme durch 3 teilbar ist, zu teilen. 295 782 ist eine gerade Zahl und hat als Quersumme

$$2 + 9 + 5 + 7 + 8 + 2 = 33.$$

Ähnlich 14 796, 4 109 652, 4 729 074.

Durch 9 lassen sich alle Zahlen teilen, deren Quersumme durch 9 teilbar ist: 295 767, 1 875 294, 8766, 49 275.

Durch 25 lassen sich alle Zahlen teilen, die am Ende 00 oder 25 oder 50 oder 75 haben: 3925, 42 750, 83 275, 4900.

Aufgabe: Durch welche Zahlen kann ich kürzen (teilen):

a) 27 486 975: Durch 3, denn die Quersumme ist 48. Durch 5, denn die Zahl endet mit 5. Durch 25, denn die beiden letzten Stellen heißen 75.

b) 3 296 826: Durch 2, denn es ist eine gerade Zahl. Durch 3, denn die Quersumme heißt 36. Durch 6, denn es ist eine gerade Zahl, die als Quersumme 36 hat. Durch 9, denn die Quersumme ist durch 9 teilbar.

c) 274 864; d) 3 568 236; e) 1 879 250.

4. Das Malnehmen oder die Multiplikation der gemeinen Brüche. Bei der Wechselräderberechnung kommen von den vier Grundrechnungsarten nur das Malnehmen und das Teilen in Betracht. Von diesen Arten sei deshalb auch nur die Rede.

$7 \times 9 = 63$ ist eine Multiplikationsaufgabe. Die 7 und die 9, also die Zahlen, die miteinander malgenommen (multipliziert) werden sollen, heißen Vervielfältigungszahlen oder Faktoren. Das Ergebnis 63 heißt Produkt. Merke die Ausdrücke: Multiplikation, multiplizieren, Faktoren, Produkt.

$\frac{3}{4} \times 6 =$. In dieser Form wurde die Multplikationsaufgabe in der Schule geschrieben. Bei Erwachsenen ist es üblich, statt des „$\times$“ einen „$\cdot$“ zu setzen. Das ist vorteilhafter. Wir werden es von nun ab stets tun.

Also $\frac{3}{4} \cdot 6 = \frac{3 \cdot 6}{4} = \frac{18}{4}$ gekürzt $\frac{9}{2} = 4\frac{1}{2}$; $\frac{7}{9} \cdot 8 = \frac{7 \cdot 8}{9} = \frac{56}{9} = 6\frac{2}{9}$;

$\frac{1}{2} \cdot 5 = \frac{1 \cdot 5}{2} = \frac{5}{2} = 2\frac{1}{2}$; $\frac{7}{8} \cdot 4 = \frac{7 \cdot 4}{8} = \frac{28}{8}$ gekürzt $\frac{7}{2} = 3\frac{1}{2}$.

Merke: Ich multipliziere einen Bruch mit einer ganzen Zahl, indem ich den Zähler mit der Zahl malnehme.

Die ganze Zahl tritt über den Bruchstrich, z. B. $\frac{7}{9} \cdot 5 = \frac{7 \cdot 5}{9}$. Ehe ich die Rechnung ausführe, sehe ich zu, ob ich kürzen kann. In vorstehender Aufgabe $\frac{7 \cdot 5}{9}$ ist ein Kürzen nicht möglich. Folglich $\frac{7 \cdot 5}{9} = \frac{35}{9} = 3\frac{8}{9}$.

$\frac{9}{16} \cdot 12 = \frac{9 \cdot 12}{16} =$. Diesmal ist ein Kürzen möglich. Das führe ich sofort aus, ehe ich 9 mit 12 malnehme. Das hat den Vorteil, daß ich kleinere Zahlen erhalte. $\frac{9 \cdot 12}{16} =$ gekürzt $\frac{9 \cdot 3}{4} = \frac{27}{4} = 6\frac{3}{4}$; oder $\frac{13}{15} \cdot 10 = \frac{13 \cdot 10}{15} =$ gekürzt $\frac{13 \cdot 2}{3} = \frac{26}{3} = 8\frac{2}{3}$.

1. Aufgabe: Multipliziere nach vorstehenden Mustern:

$\frac{2}{9} \cdot 12 =$	$\frac{13}{15} \cdot 8 =$	$\frac{7}{9} \cdot 18 =$	$\frac{17}{18} \cdot 7 =$	$6 \cdot \frac{8}{9} =$
$\frac{7}{8} \cdot 7 =$	$\frac{9}{10} \cdot 12 =$	$\frac{4}{7} \cdot 14 =$	$9 \cdot \frac{4}{5} =$	$7 \cdot \frac{13}{18} =$
$\frac{5}{12} \cdot 3 =$	$\frac{5}{8} \cdot 12 =$	$\frac{13}{24} \cdot 16 =$	$4 \cdot \frac{7}{11} =$	$15 \cdot \frac{7}{24} =$

$5\frac{3}{5} \cdot 9 =$. Zunächst nehme ich $5 \cdot 9 = 45$; dann $\frac{3}{5} \cdot 9 = \frac{3 \cdot 9}{5} = \frac{27}{5} = 5\frac{2}{5}$.

Nun zähle ich beide Ergebnisse zusammen: $45 + 5\frac{2}{5} = 50\frac{2}{5}$.

$3 \cdot 6\frac{4}{7} =$. $3 \cdot 6 = 18$; $3 \cdot \frac{4}{7} = \frac{12}{7} = 1\frac{5}{7}$; $18 + 1\frac{5}{7} = 19\frac{5}{7}$.

2. Aufgabe: Multipliziere nach vorstehendem Muster:

$5\frac{1}{2} \cdot 5 =$	$9\frac{5}{7} \cdot 7 =$	$1\frac{17}{18} \cdot 7 =$	$26\frac{3}{4} \cdot 5 =$	$4 \cdot 2\frac{11}{12} =$
$7\frac{2}{3} \cdot 9 =$	$2\frac{2}{7} \cdot 12 =$	$15\frac{1}{2} \cdot 2 =$	$6 \cdot 3\frac{3}{5} =$	$9 \cdot 7\frac{13}{15} =$
$8\frac{1}{4} \cdot 3 =$	$2\frac{1}{4} \cdot 4 =$	$5\frac{2}{7} \cdot 14 =$	$8 \cdot 9\frac{4}{7} =$	$12 \cdot 5\frac{5}{8} =$

$\frac{3}{4} \cdot \frac{3}{5} = \frac{3 \cdot 3}{4 \cdot 5} = \frac{9}{20}$; $\frac{3}{4} \cdot \frac{2}{5} = \frac{3 \cdot 2}{4 \cdot 5} =$ gekürzt $\frac{3 \cdot 1}{2 \cdot 5} = \frac{3}{10}$.

$\frac{9}{16} \cdot \frac{4}{15} = \frac{9 \cdot 4}{16 \cdot 15}$ gekürzt (4 gegen 16 und 9 gegen 15) $= \frac{3 \cdot 1}{4 \cdot 5} = \frac{3}{20}$.

Merke: Bruch wird mit Bruch malgenommen, indem man Zähler mal Zähler und Nenner mal Nenner nimmt. Versäume das rechtzeitige Kürzen nicht!

3. Aufgabe: Multipliziere (Muster vorstehend!):

$\frac{7}{9} \cdot \frac{3}{4} =$	$\frac{4}{9} \cdot \frac{7}{12} =$	$\frac{9}{10} \cdot \frac{4}{5} =$	$\frac{9}{10} \cdot \frac{5}{6} =$	$\frac{36}{41} \cdot \frac{2}{27} =$	$\frac{5}{6} \cdot \frac{4}{7} =$	$\frac{4}{5} \cdot \frac{2}{9} =$	$\frac{3}{8} \cdot \frac{2}{3} =$
$\frac{7}{8} \cdot \frac{3}{5} =$	$\frac{48}{55} \cdot \frac{15}{28} =$	$\frac{3}{8} \cdot \frac{5}{6} =$	$\frac{2}{7} \cdot \frac{7}{10} =$	$\frac{1}{12} \cdot \frac{8}{11} =$	$\frac{11}{12} \cdot \frac{5}{7} =$	$\frac{44}{51} \cdot \frac{17}{21} =$	

Beachte noch folgende Fälle:

a) $\frac{4}{9} \cdot \frac{3}{4} = \frac{4 \cdot 3}{9 \cdot 4}$ gekürzt (4 gegen 4 und 3 gegen 9) $= \frac{1 \cdot 1}{3 \cdot 1} = \frac{1}{3}$;

b) $\frac{4}{9} \cdot \frac{45}{4} = \frac{4 \cdot 45}{9 \cdot 4} = \frac{1 \cdot 5}{1 \cdot 1} = \frac{5}{1} = 5$; c) $2\frac{1}{2} \cdot \frac{4}{5} = \frac{5}{2} \cdot \frac{4}{5} = \frac{5 \cdot 4}{2 \cdot 5} = \frac{1 \cdot 2}{1 \cdot 1} = 2$;

d) $4\frac{1}{6} \cdot 3\frac{2}{3} = \frac{25}{6} \cdot \frac{11}{3} = \frac{25 \cdot 11}{6 \cdot 3} = \frac{275}{18} = 15\frac{5}{18}$.

Merke: Gemischte Zahlen verwandle ich vorher in unechte Brüche.

4. Aufgabe: Multipliziere nach vorstehenden Mustern:

$4\frac{1}{2} \cdot \frac{4}{5} =$ $5\frac{2}{3} \cdot \frac{4}{7} =$ $\frac{4}{15} \cdot 1\frac{3}{4} =$ $2\frac{5}{6} \cdot 3\frac{1}{3} =$ $2\frac{3}{4} \cdot \frac{1}{2} =$ $\frac{5}{9} \cdot 4\frac{1}{3} =$

$\frac{6}{7} \cdot 5\frac{1}{2} =$ $8\frac{2}{7} \cdot 12\frac{3}{4} =$ $1\frac{5}{6} \cdot \frac{3}{8} =$ $\frac{3}{5} \cdot 2\frac{1}{6} =$ $3\frac{1}{2} \cdot 4\frac{2}{3} =$ $\frac{3}{8} \cdot 18\frac{1}{2} =$

$3\frac{1}{9} \cdot \frac{5}{6} =$ $\frac{3}{10} \cdot 3\frac{2}{3} =$ $9\frac{1}{3} \cdot 1\frac{4}{5} =$ $6\frac{1}{4} \cdot 1\frac{3}{7} =$

5. Das Teilen oder die Division der gemeinen Brüche. $63 : 7 = 9$ ist eine Teilungsaufgabe. 63 soll geteilt werden: sie ist die zu teilende Zahl oder der Dividendus. Die 7 führt die Teilung aus: sie ist der Teiler oder Divisor. Der Dividendus ist immer die Zahl, die die Teilung erleiden muß, der Teiler die Zahl, die die Teilung ausführt. In obiger Aufgabe steht die zu teilende Zahl vorn, der Teiler hinten.

Merke: In den Teilungsaufgaben (:) steht der Teiler stets hinten.

Das Ergebnis einer Teilungsaufgabe heißt Quotient.

$\frac{1}{2} : 3 =$. Wenn ich einen halben Apfel in drei Teile teile, so erhalte ich $\frac{1}{6}$ Apfel. Also $\frac{1}{2} : 3 = \frac{1}{6}$, oder der Teiler 3 wandert unter den Bruchstrich und wird da zum Faktor, d. h. der Nenner wird mit ihm malgenommen, also $\frac{1}{2} : 3 = \frac{1}{2 \cdot 3} = \frac{1}{6}$.

Merke: Einen Bruch teile ich durch eine ganze Zahl, indem ich den Nenner mit der ganzen Zahl malnehme. Ich kürze, wenn es möglich ist.

1. Aufgabe: Löse nach beistehendem Muster:

$\frac{1}{5} : 6 = \frac{1}{5 \cdot 6} = \frac{1}{30}$; $\frac{6}{11} : 3 = \frac{6}{11 \cdot 3}$ gekürzt $\frac{2}{11 \cdot 1} = \frac{2}{11}$;

$\frac{4}{7} : 5 = \frac{4}{7 \cdot 5} = \frac{4}{35}$; $\frac{8}{15} : 2 = \frac{8}{15 \cdot 2}$ gekürzt $\frac{4}{15 \cdot 1} = \frac{4}{15}$;

Das Kürzen nehme ich also vor dem Malnehmen vor, weil dadurch die Zahlen kleiner werden. Die Rechenarbeit wird dann erleichtert.

$\frac{1}{5} : 6 =$ $\frac{2}{3} : 7 =$ $\frac{7}{8} : 2 =$ $\frac{11}{12} : 2 =$ $\frac{12}{13} : 10 =$ $\frac{2}{7} : 3 =$ $\frac{7}{12} : 5 =$

$\frac{9}{10} : 8 =$ $\frac{3}{14} : 7 =$ $\frac{9}{25} : 5 =$ $\frac{6}{7} : 4 =$ $\frac{18}{25} : 6 =$ $\frac{3}{4} : 6 =$ $\frac{11}{15} : 4 =$

$\frac{17}{36} : 6 =$ $\frac{4}{9} : 4 =$ $\frac{15}{16} : 3 =$ $\frac{7}{10} : 5 =$ $\frac{17}{20} : 8 =$ $\frac{45}{49} : 9 =$

2. Aufgabe: $26\frac{3}{5} : 6 =$. Zunächst teile ich die 26 Ganzen, $26 : 6 = 4$ Ganze. Die übrigbleibenden 2 Ganzen mache ich zu $\frac{\ }{5}$, also 2 Ganze $= \frac{10}{5}$; dazu kommen weitere $\frac{3}{5}$; also sind es zusammen $\frac{13}{5}$. Diese habe ich noch durch 6 zu teilen. $\frac{13}{5} : 6 = \frac{13}{5 \cdot 6} = \frac{13}{30}$. Ergebnis 4 Ganze $+ \frac{13}{30} = 4\frac{13}{30}$.

Löse nach diesem Muster:

$5\frac{2}{3} : 6 = \frac{17}{18}$ $125\frac{8}{9} : 12 =$ $15\frac{7}{8} : 5 =$ $924\frac{5}{6} : 8 =$

$9\frac{1}{2} : 4 = 2\frac{3}{8}$ $38\frac{3}{4} : 15 =$ $65\frac{2}{9} : 7 =$ $15\frac{3}{10} : 6 =$

$20\frac{2}{3} : 7 =$ $241\frac{2}{5} : 8 =$ $32\frac{4}{15} : 3 =$ $216\frac{4}{9} : 8 =$

$46\frac{6}{7} : 4 =$ $8\frac{5}{6} : 4 =$ $246\frac{11}{12} : 4 =$ $62\frac{17}{20} : 5 =$

$67\frac{7}{10} : 3 =$ $12\frac{3}{5} : 8 =$ $751\frac{3}{8} : 6 =$ $4\frac{3}{4} : 2 =$

3. Aufgabe: $\frac{2}{3} : \frac{4}{5} =$. Die $\frac{2}{3}$ teile ich zunächst durch 4; also $\frac{2}{3} : 4 = \frac{2}{12}$. Nun soll ich aber gar nicht durch 4 teilen, sondern durch $\frac{4}{5}$. Der wirkliche Teiler ist also

5mal kleiner als der bisher angenommene Teiler 4. Ist aber ein Teiler 5mal so klein, so wird das Ergebnis 5mal so groß. Das wird erläutert durch folgendes Beispiel: Wird eine Erbschaft von 10000 RM unter 10 Kinder verteilt, so erhält jedes Kind 1000 RM. Werden die 10000 RM aber unter 2 Kinder verteilt (ist der Teiler also 5mal so klein!), so erhält jedes Kind 5000 RM (also 5mal so viel!).

Selbstverständlich gilt auch das Umgekehrte: Ist der Teiler 5mal so groß, so wird das Ergebnis 5mal so klein.

Kehren wir zur Aufgabe zurück! $\frac{2}{3} : 4$ war $\frac{2}{12}$. Nun ist mein Teiler aber 5mal so klein; das Ergebnis muß also 5mal so groß werden. Das Ergebnis heißt demnach nicht $\frac{2}{12}$, sondern $\frac{2}{12} \cdot 5 = \frac{2 \cdot 5}{12} = \frac{10}{12} = \frac{5}{6}$.

Fassen wir zusammen: Erst habe ich durch 4 geteilt; die 4 wanderte unter den Bruchstrich. Dann habe ich mit 5 malgenommen; die 5 wanderte über den Bruchstrich. Nun sieht die Rechnung so aus: $\frac{2}{3} : \frac{4}{5} = \frac{2 \cdot 5}{3 \cdot 4}$.

Aus der Teilungsaufgabe ist also eine Multiplikationsaufgabe geworden; jedoch erscheint der Teiler $\frac{4}{5}$ in umgekehrter Form, also als $\frac{5}{4}$.

Merke: Wir teilen durch einen Bruch, indem wir den Teiler (Divisor) umdrehen und dann damit malnehmen.

$$\frac{3}{5} : \frac{5}{6} = \frac{3}{5} \cdot \frac{6}{5} = \frac{3 \cdot 6}{5 \cdot 5} = \frac{18}{25}; \quad \frac{4}{7} : \frac{5}{9} = \frac{4}{7} \cdot \frac{9}{5} = \frac{4 \cdot 9}{7 \cdot 5} = \frac{36}{35} = 1\tfrac{1}{35};$$

$$\frac{15}{22} : \frac{9}{24} = \frac{15}{22} \cdot \frac{24}{9} = \frac{15 \cdot 24}{22 \cdot 9} \text{ gekürzt } \frac{5 \cdot 4}{11 \cdot 1} = \frac{20}{11} = 1\tfrac{9}{11}.$$

Löse nach diesen Mustern folgende Aufgaben:

$\frac{4}{7} : \frac{1}{2} =$ $\frac{7}{10} : \frac{4}{7} =$ $\frac{5}{6} : \frac{5}{8} =$ $\frac{13}{15} : \frac{3}{4} =$ $\frac{16}{35} : \frac{10}{21} =$ $\frac{3}{8} : \frac{2}{3} =$ $\frac{4}{9} : \frac{5}{6} =$ $\frac{3}{10} : \frac{3}{4} =$

$\frac{11}{12} : \frac{5}{6} =$ $\frac{24}{25} : \frac{12}{35} =$ $\frac{2}{5} : \frac{3}{4} =$ $\frac{7}{8} : \frac{2}{5} =$ $\frac{2}{9} : \frac{9}{10} =$ $\frac{3}{16} : \frac{2}{3} =$ $\frac{19}{20} : \frac{3}{4} =$

Kommen gemischte Zahlen vor, so verwandeln wir sie zunächst in unechte Brüche und rechnen dann nach den Regeln von Aufgabe 3.

4. Aufgabe: Löse nach beistehenden Mustern:

$$2\tfrac{1}{2} : \frac{3}{4} = \frac{5}{2} : \frac{3}{4} = \frac{5}{2} \cdot \frac{4}{3} = \frac{5 \cdot 4}{2 \cdot 3} \text{ gekürzt } \frac{5 \cdot 2}{1 \cdot 3} = \frac{10}{3} = 3\tfrac{1}{3}.$$

$$9\tfrac{3}{4} : 2\tfrac{2}{3} = \frac{39}{4} : \frac{8}{3} = \frac{39}{4} \cdot \frac{3}{8} = \frac{39 \cdot 3}{4 \cdot 8} = \frac{117}{32} = 3\tfrac{21}{32}.$$

$3\frac{3}{5} : \frac{4}{9} =$ $2\frac{4}{7} : 5\frac{1}{2} =$ $3\frac{7}{12} : 2\frac{4}{7} =$ $12\frac{1}{2} : 2\frac{4}{5} =$ $4\frac{5}{6} : 2\frac{1}{3} =$ $5\frac{7}{10} : 3\frac{7}{8} =$

$\frac{5}{18} : 3\frac{2}{5} =$ $8\frac{4}{9} : \frac{8}{15} =$ $9\frac{1}{2} : 6\frac{3}{4} =$ $\frac{9}{10} : 1\frac{3}{4} =$ $2\frac{3}{8} : 6\frac{1}{3} =$ $7\frac{2}{3} : \frac{5}{9} =$

Die bei Aufgabe 3 genannte Hauptregel ist für alle Fälle anzuwenden, auch für die Zahlen aus Aufgabe 2. Denn die Ganzen kann ich mir auch als Bruch denken, indem ich sie zu „Einteln" mache, z. B. 6 Ganze $= \frac{6}{1}$; 15 Ganze $= \frac{15}{1}$.

Also: $\frac{3}{4} : 5 = \frac{3}{4} : \frac{5}{1}$; nun drehe ich den Teiler um: $\frac{3}{4} \cdot \frac{1}{5} = \frac{3 \cdot 1}{4 \cdot 5} = \frac{3}{20}$.

$$7 : \frac{5}{6} = \frac{7}{1} : \frac{5}{6} = \frac{7}{1} \cdot \frac{6}{5} = \frac{7 \cdot 6}{1 \cdot 5} = \frac{42}{5} = 8\tfrac{2}{5} \quad 8 : 2\tfrac{1}{2} = \frac{8}{1} : \frac{5}{2} = \frac{8}{1} \cdot \frac{2}{5} = \frac{8 \cdot 2}{1 \cdot 5} = \frac{16}{5} = 3\tfrac{1}{5}.$$

Achte jedoch darauf, daß stets nur der Teiler, also der hinten stehende Bruch, umgedreht werden darf.

5. Aufgabe. Löse nach obigem Muster:

$8 : \frac{3}{8} =$ $12 : \frac{3}{4} =$ $7 : 8\frac{1}{5} =$ $9 : 2\frac{4}{5} =$ $6 : 4\frac{2}{3} =$

$7 : \frac{7}{10} =$ $5 : \frac{5}{6} =$ $5 : 2\frac{5}{6} =$ $2\frac{1}{2} : 8 =$ $4\frac{2}{3} : 6 =$

$3 : \frac{5}{12} =$ $4 : \frac{3}{4} =$ $3 : 7\frac{1}{2} =$ $7 : 3\frac{1}{2} =$ $8 : 1\frac{5}{9} =$

B. Bruchrechnung: Dezimalbrüche.

6. Allgemeines von den Dezimalbrüchen. 0,5; 0,0392; 4,463 sind Dezimalbrüche. Sie unterscheiden sich vom gemeinen Bruch in folgenden drei Dingen:

a) Als Nenner treten nur Zehntel, Hundertstel, Tausendstel, Zehntausendstel usw. auf, während beim gemeinen Bruch jede Zahl Nenner sein kann.

0,4 heißt $\frac{4}{10}$; 0,04 heißt $\frac{4}{100}$; 0,004 heißt $\frac{4}{1000}$;
0,0004 „ $\frac{4}{10\,000}$; 0,00004 „ $\frac{4}{100\,000}$; 0,000004 „ $\frac{4}{1\,000\,000}$.

b) Der Nenner wird nicht mitgeschrieben; er ist jedoch aus der Stellenzahl nach dem Komma erkenntlich:

1 Stelle nach dem Komma stehen die $\frac{}{10}$ $(0{,}7 = \frac{7}{10})$
2 Stellen „ „ „ „ „ $\frac{}{100}$ $(0{,}45 = \frac{45}{100})$
3 „ „ „ „ „ „ $\frac{}{1000}$ $(0{,}928 = \frac{928}{1000})$
4 „ „ „ „ „ $\frac{}{10.000}$ usw.

c) Dezimalbrüche werden mit Komma und nicht mit Bruchstrich geschrieben. Vor dem Komma stehen die Ganzen. Nach dem Komma steht der Zähler. Der Nenner ist aus der Stellenzahl ersichtlich.

0,09 lies $\frac{9}{100}$; 3,5 lies $3\frac{5}{10}$; 4,008 lies $4\frac{8}{1000}$; 26,0934 lies $26\frac{934}{10\,000}$.

1. Aufgabe: Lies nach vorstehendem Muster:

0,75	0,7	7,2	10,09	8,064	14,035
3,2	17,24	6,091	8,171	12,5	76,43

Wollen wir $\frac{7}{10}$ als Dezimalbruch schreiben, so erinnern wir uns daran, daß die $\frac{}{10}$ 1 Stelle nach dem Komma haben. Ich schreibe vor das Komma, da keine Ganzen vorhanden sind, eine Null. Also:

$\frac{7}{10} = 0{,}7$; $324\frac{3}{10} = 324{,}3$; $7\frac{5}{10} = 7{,}5$; $489\frac{1}{10} = 489{,}1$.

Soll ich $\frac{79}{1000}$ als Dezimalbruch schreiben, so müssen nach dem Komma drei Stellen vorhanden sein. Da der Zähler 79 erst 2 Stellen aufweist, so müssen wir eine Null dazu setzen; jedoch nicht dahinter, denn dann würde die Zahl nicht mehr 79, sondern 790 heißen. Die Null muß davor gesetzt werden; denn dann bleibt es 79. Also 079. Da keine Ganzen vorhanden sind, steht vor dem Komma eine Null. $\frac{79}{1000} = 0{,}079$; $7\frac{8}{1000} = 7{,}008$ (nicht aber 7,800!); $35\frac{47}{100\,000} = 35{,}00047$ (denn $\frac{}{100\,000}$ haben 5 Stellen nach dem Komma, schreibe jedoch nicht 35,47000!).

2. Aufgabe: Schreibe als Dezimalbruch:

$\frac{16}{100} =$	$\frac{3}{10} =$	$3\,\frac{3}{10} =$	$256\,\frac{5}{10} =$	$4\frac{375}{10\,000} =$
$\frac{16}{1000} =$	$\frac{3}{10\,000} =$	$3\frac{3}{100} =$	$84\frac{61}{100} =$	$26\,\frac{18}{100} =$
$\frac{3}{1000} =$	$\frac{75}{1000} =$	$12\frac{26}{1000} =$	$9\frac{25}{1000} =$	$9\frac{64}{10\,000} =$

7. Das Erweitern der Dezimalbrüche. 0,7 heißt $\frac{7}{10}$. Wenn ich $\frac{7}{10}$ auf $\frac{}{100}$ erweitere, so erhalte ich $\frac{70}{100}$. Ich kann $\frac{70}{100}$ wieder als Dezimalbruch schreiben: $\frac{70}{100} = 0{,}70$. Soll ich also 0,7 auf Hundertstel erweitern, so brauche ich bloß eine Null anzuhängen. Hätte ich auf Tausendstel erweitern sollen, so hätte ich 2 Nullen anhängen müssen, usw.

Merke: Einen Dezimalbruch erweitere ich, indem ich so viel Nullen anhänge, wie der neue Nenner erfordert.

0,8 sind auf $\frac{}{10\,000}$ zu erweitern. Der Nenner $\frac{}{10\,000}$ erfordert 4 Stellen nach dem Komma, da in dem Bruche 0,8 erst 1 Stelle vorhanden ist, muß ich 3 Nullen anhängen. Also 0,8 = 0,8000. 24,48 sollen auf $\frac{}{100\,000}$ erweitert werden. Der neue Nenner $\frac{}{100\,000}$ erfordert nach dem Komma 5 Stellen. In dem Bruche 24,48 sind erst 2 Stellen nach dem Komma vorhanden, folglich muß ich noch 3 Nullen anhängen: 24,48 = 24,48000.

Kurz: 7,05 zu $\frac{}{10000}$ erweitert = 7,0500,
26,004 „ $\frac{}{1000000}$ „ = 26,004000.

Aufgabe: Erweitere nach vorstehendem Muster:

0,45 zu $\frac{}{1000}$	1,5 zu $\frac{}{100}$	5 zu $\frac{}{10}$ = 5,0
7,4 „ $\frac{}{1000}$	26,8 „ $\frac{}{1000}$	8 „ $\frac{}{1000}$ = 8,000
6,023 „ $\frac{}{100000}$	4,81 „ $\frac{}{10000}$	12 „ $\frac{}{100}$
0,6 „ $\frac{}{1000}$	69,1 „ $\frac{}{1000}$	86 „ $\frac{}{10}$

8. Das Kürzen der Dezimalbrüche. 0,090 heißt $\frac{90}{1000}$. Diesen gemeinen Bruch $\frac{90}{1000}$ kann ich durch 10 kürzen. $\frac{90}{1000} = \frac{9}{100}$; $\frac{9}{100}$ als Dezimalbruch geschrieben = 0,09. Um 0,090 zu kürzen, brauchte ich also am Ende nur die Null fortzustreichen.

Merke: Ich kürze einen Dezimalbruch, indem ich die Nullen am Ende gänzlich oder teilweise fortstreiche. Dezimalbrüche ohne Nullen am Ende sind nicht zu kürzen.

Die Kürzung brauche ich nicht immer vollständig durchzuführen, d. h. bis zum Fortstreichen sämtlicher Nullen, z. B. 0,900 heißt $\frac{900}{1000}$; gekürzt $\frac{9}{10}$ = 0,9. $\frac{900}{1000}$ brauche ich aber auch nur durch 10 zu kürzen: $\frac{90}{100}$ = 0,90.

Oder 3,72500 heißt $\frac{72500}{100000}$. Ich kann durch 10 kürzen: $\frac{7250}{10000}$ = 3,7250. Ich kann durch 100 kürzen: $\frac{725}{1000}$ = 3,725.

Merke: Ich kürze durch 10, indem ich eine Null am Ende wegstreiche, durch 100, indem ich 2 Nullen am Ende wegstreiche, durch 1000, indem ich 3 Nullen am Ende wegstreiche, durch 10000, indem ich 4 Nullen am Ende wegstreiche, usw.

1. Aufgabe: Kürze durch 10:

0,320	0,050	0,090	12,60	9,2000
3,7200	16,400	2,0600	4,060	0,610

Kürze durch 100:

4,2300	18,600	7,0800	15,36000
0,9100	4,2000	0,2100	1,8000

Kürze durch 1000:

0,21000	9,52000	14,20000	21,631000
0,80000	6,31000	0,37000	2,408000

2. Aufgabe: Kürze vollständig!

3,720	0,216000	15,050	25,600100
9,10800	5,72000	1,30000	4,270000

9. Das Gleichnamigmachen der Dezimalbrüche. Diese Arbeit an Dezimalbrüchen ist äußerst einfach!

a) 0,25 und 0,178 sollen gleichnamig werden. Die Nenner sind also $\frac{}{100}$ und $\frac{}{1000}$. Der Hauptnenner heißt demnach $\frac{}{1000}$.

$\frac{25}{100} = \frac{250}{1000}$ und $\frac{178}{1000} = \frac{178}{1000}$; also = 0,250 und 0,178.

Die erweiterten Brüche haben nun beide je drei Stellen nach dem Komma.

b) 0,076 und 3,92064. Hauptnenner $\frac{}{100000}$. Folglich muß ich die $\frac{76}{1000}$ auch zu $\frac{}{100000}$ machen, das sind $\frac{7600}{100000}$ = 0,07600.

Beide Brüche haben nun je 5 Stellen nach dem Komma.

Merke: Ich mache Dezimalbrüche gleichnamig, indem ich ihnen nach dem Komma gleiche Stellenzahl gebe.

Aufgabe: Mache gleichnamig:

3,09 und 0,4	1,693 und 1,9	46,26 und 0,6
2,63 „ 4,2387	0,714 „ 2,28	9,4 „ 2,75
0,9115 „ 8,6	61,3 „ 7,068	16,1835 „ 0,3

10. Das Verwandeln von gemeinen Brüchen in Dezimalbrüche und umgekehrt. $\frac{1}{2}$ kann ich zu $\frac{}{10}$ machen, $= \frac{5}{10}$; als Dezimalbruch $= 0{,}5$. $\frac{1}{4}$ kann ich zwar nicht zu $\frac{}{10}$, wohl aber zu $\frac{}{100}$ machen: $\frac{1}{4} = \frac{25}{100}$ oder 0,25; $\frac{3}{4}$ sind demnach 0,75; $\frac{1}{8} = \frac{125}{1000} = 0{,}125$ usw. Lerne auswendig:

$\frac{1}{2} = 0{,}5$	$\frac{2}{5} = 0{,}4$	$\frac{3}{8} = 0{,}375$	$\frac{3}{20} = 0{,}15$	$\frac{3}{25} = 0{,}12$
$\frac{1}{4} = 0{,}25$	$\frac{3}{5} = 0{,}6$	$\frac{5}{8} = 0{,}625$	$\frac{7}{20} = 0{,}35$	$\frac{1}{50} = 0{,}02$
$\frac{3}{4} = 0{,}75$	$\frac{4}{5} = 0{,}8$	$\frac{7}{8} = 0{,}875$	$\frac{1}{25} = 0{,}04$	$\frac{3}{50} = 0{,}06$
$\frac{1}{5} = 0{,}2$	$\frac{1}{8} = 0{,}125$	$\frac{1}{20} = 0{,}05$	$\frac{2}{25} = 0{,}08$	$\frac{9}{50} = 0{,}18$

$\frac{1}{3}$ kann ich weder zu $\frac{}{10}$, noch zu $\frac{}{100}$, $\frac{}{1000}$ usw. machen. Dennoch kann aus ihm ein Dezimalbruch werden. $\frac{1}{3}$ heißt auch noch, wie uns Seite 3 gelehrt hat, 1 : 3 (lies 1 geteilt durch 3!). Diese Teilung führen wir durch:

1 : 3 = 0,33 . . .
0
10
 9
10 usf.

1 Ganzes durch 3 ergibt 0 Ganze. Diese treten vor das Komma. Es bleibt ein Rest. Wir holen eine Null herunter. In bekannter Weise geht dann die Teilung weiter.

Merke: Ich verwandle gemeine Brüche in Dezimalbrüche, indem ich den Zähler zur zu teilenden Zahl und den Nenner zum Teiler mache. Dann führe ich die Teilung wie mit ganzen Zahlen aus. Zu beachten ist die Stellung des Kommas

2. Beispiel: Mache $\frac{4}{7}$ zum Dezimalbruch:

4 : 7 = 0,5714 . . .
0
40
35
50
49
10
 7
30
28
usw.

3. Beispiel: Mache $7\frac{7}{12}$ zum Dezimalbruch:

7 : 12 = 0,5833 . . .
0
70
60
100
 96
 40
 36
 40
 36
Dazu die 7 Ganzen.
Ergebnis 7,5833.

4. Beispiel: Schreibe $\frac{2}{39}$ als Dezimalbruch:

2 : 39 = 0,0512 . . .
0
20
 0
200
195
 50
 39
110
 78
 32
Nach dem Komma die 0 nicht vergessen!

1. Aufgabe: Verwandle in Dezimalbrüche:

$\frac{5}{9}$; $\frac{2}{3}$; $\frac{5}{7}$; $\frac{19}{45}$; $\frac{361}{627}$; $\frac{38}{73}$; $6\frac{4}{11}$; $82\frac{7}{13}$; $25\frac{3}{8}$; $\frac{5}{6}$.

Das Verwandeln von Dezimalbrüchen in gemeine Brüche bietet keine Schwierigkeiten, z. B. $0{,}35 = \frac{35}{100} = \frac{7}{20}$; $0{,}048 = \frac{48}{1000} = \frac{6}{125}$; $0{,}124 = \frac{124}{1000} = \frac{31}{250}$; $7{,}2 = 7\frac{2}{10} = 7\frac{1}{5}$.

2. Aufgabe: Verwandle in gemeine Brüche:

0,5	15,48	0,8	0,65	24,8	7,6	0,25	0,64	0,08	0,28
56,5	9,44	0,45	0,6	0,008	0,37	3,75	18,75	0,86	0,125
0,72	7,16	2,56	69,4	6,4	0,75	0,16	12,2	14,72	1,06

11. Das Malnehmen von Dezimalbrüchen. a) $0{,}5 \cdot 0{,}9 = \frac{5}{10} \cdot \frac{9}{10} = \frac{5 \cdot 9}{10 \cdot 10} = \frac{45}{100} = 0{,}45$.
b) $0{,}03 \cdot 0{,}004 = \frac{3}{100} \cdot \frac{4}{1000} = \frac{3 \cdot 4}{100 \cdot 1000} = \frac{12}{100000} = 0{,}00012$.

In Beispiel a habe ich also $5 \cdot 9$ genommen, als wären es ganze Zahlen. Von dem Ergebnis mußte ich dann 2 Stellen, nämlich genau so viel Stellen, wie in der Aufgabe nach dem Komma stehen, abstreichen.

Genau so ist es bei dem Beispiel b: $3 \cdot 4 = 12$. Die Aufgabe hat aber nach dem Komma zusammen 5 Stellen; folglich habe ich von dem Ergebnis 12 fünf Stellen abzustreichen. Da die 12 selbst schon zwei Stellen hat, muß ich 3 Nullen davor setzen. Endergebnis also 0,00012.

Beispiel für große Zahlen:

```
   39,46
 × 7,285
 -------
   19730
  31568
  7892
 27622
--------
28746610
```

Nachdem ich erst unbekümmert um das Komma wie mit ganzen Zahlen malgenommen habe, zähle ich danach die Anzahl der Dezimalstellen zusammen — es sind 2 und 3, also 5 Stellen — und streiche sie vom Ergebnis ab. Endergebnis 287,46610.

Merke: Ich nehme Dezimalbrüche mal wie ganze Zahlen und streiche dann vom Ergebnis die Summe der Dezimalstellen ab.

1. Aufgabe. (Für Kopfrechnen.)

$0{,}8 \cdot 0{,}5 =$	$5 \cdot 3{,}5 =$	$0{,}6 \cdot 0{,}23 =$	$0{,}7 \cdot 0{,}008 =$
$0{,}8 \cdot 0{,}005 =$	$0{,}8 \cdot 0{,}13 =$	$0{,}6 \cdot 2{,}3 =$	$3{,}4 \cdot 0{,}003 =$
$0{,}08 \cdot 0{,}5 =$	$0{,}8 \cdot 1{,}3 =$	$6 \cdot 0{,}23 =$	$3 \cdot 2{,}1 =$
$0{,}9 \cdot 0{,}7 =$	$0{,}5 \cdot 0{,}07 =$	$6 \cdot 2{,}3 =$	$7 \cdot 0{,}46 =$
$8 \cdot 0{,}45 =$	$0{,}04 \cdot 0{,}18 =$	$0{,}3 \cdot 2{,}5 =$	$5 \cdot 0{,}46 =$

2. Aufgabe. (Schriftliche Form!)

139,4	2,7682	13,47	4,3824	17,568
× 3,274	× 0,935	× 9,076	× 5,49	× 0,724

Übe weiter an selbstgebildeten Aufgaben!

12. Das Teilen von Dezimalbrüchen. a) Für Kopfrechnen: 0,4 : 0,08. Zunächst mache ich beide Brüche gleichnamig (0,40 : 0,08). Ich lasse nun das Komma fort, d. h. ich erweitere beide Brüche mit 100 (40 : 8). An diesen ganzen Zahlen führe ich die Teilung aus (40 : 8 = 5).

$$3{,}6 : 0{,}9 = 36 : 9 = 4; \quad 0{,}36 : 0{,}9 = 0{,}36 : 0{,}90 = 36 : 90 = 0{,}4;$$
$$36 : 0{,}09 = 36{,}00 : 0{,}09 = 3600 : 9 = 400; \quad 0{,}36 : 9 = 0{,}36 : 9{,}00 = 36 : 900 = 0{,}04.$$

1. Aufgabe:

$0{,}8 : 0{,}04 =$	$16{,}4 : 0{,}4 =$	$5{,}05 : 0{,}05 =$	$0{,}8 : 2 =$
$3{,}2 : 0{,}4 =$	$25{,}2 : 0{,}2 =$	$12 : 0{,}8 =$	$0{,}84 : 8{,}4 =$
$7{,}6 : 0{,}19 =$	$9 : 0{,}3 =$	$3{,}9 : 1{,}3 =$	$3{,}2 : 6{,}4 =$
$6{,}09 : 0{,}03 =$	$1{,}4 : 0{,}04 =$	$0{,}25 : 0{,}05 =$	$6{,}5 : 0{,}13 =$
$7{,}8 : 0{,}6 =$	$4 : 0{,}8 =$	$15 : 0{,}05 =$	$6{,}5 : 13 =$

b) Schriftliche Form: Meistens, auch bei einfacheren Aufgaben, wird man die schriftliche Form anwenden. Dann ist folgendes zu beachten:

1) Der Teiler muß stets eine ganze Zahl sein. Ich streiche bei ihm das Komma fort und merke mir, wieviel Stellen nach dem Komma standen.

2) Um ebensoviel Stellen versetze ich das Komma im Dividendus nach rechts. Häufig bleiben dann noch Dezimalstellen im Dividendus übrig; häufig muß ich noch Nullen anhängen; oft wird der Dividendus dabei auch zu einer ganzen Zahl.

3) Nun teile ich wie bei ganzen Zahlen. Zur rechten Zeit wird das Komma gesetzt, und dann geht das Teilen in gewohnter Weise weiter. Geht die Zahl nicht auf, so wird es im allgemeinen genügen, bis zur vierten Dezimalstelle zu rechnen. Einige Beispiele mögen das erläutern:

```
8,4692 : 0,25.
846,92 : 25 = 33,8768
75
 96
 75
 219
 200
  192
  175
   170
   150
    200
    200
      0
```

Damit der Teiler 0,25 zu einer ganzen Zahl, also zu 25 wird, sind zu teilende Zahl und Teiler mit 100 zu erweitern (siehe Abschn. 13).

Das Komma im Ergebnis zur rechten Zeit setzen!

Sind keine Dezimalstellen mehr zum „Herunterholen“ vorhanden, so holen wir Nullen herunter!

```
7,6 : 0,08
Mit 100 erweitert
760 : 8 = 95
72
 40
 40
  0
```

```
0,945 : 2,8
Mit 10 erweitert
9,45 : 28 = 0,337
0
94
84
105
 84
 210 usf.
```

```
0,02 : 39,4
Mit 10 erweitert
0,2 : 394 = 0,0005
0
02
 0
 20
  0
 200
   0
 2000
 1970   usf.
```

Achte auf die Nullen nach dem Komma!

2. Aufgabe: Löse nach obigen Mustern:

4,25 : 0,98 =	0,75 : 6,4 =	0,25 : 0,0096 =	16,4 : 8,6 =
36,8296 : 0,47 =	35,6 : 7,845 =	35,912 : 0,078 =	372,8 : 3,225 =
6,4 : 2,55 =	9,06 : 24,3 =	3,009 : 0,35 =	144 : 0,68 =
6,5 : 0,739 =	146 : 2,76 =	3 : 2,458 =	

13. Vom Malnehmen mit 10, 100, 1000 usw.

Beispiele: $8 \cdot 10 = 80$; $37 \cdot 10 = 370$; $2680 \cdot 10 = 26800$.

Merke: Ich nehme mit 10 mal, indem ich eine Null anhänge.

Beispiele: $7{,}926 \cdot 10 = 79{,}26$; denn nehme ich 10 mal, so erhält jede Ziffer den 10fachen Wert. Die Einer werden also Zehner; die Zehntel werden Einer; die Hundertstel werden Zehntel usw. Kurz: Das Komma muß eine Stelle nach rechts gerückt werden.

$3{,}8 \cdot 10 = 38$; $392{,}57 \cdot 10 = 3925{,}7$ $0{,}0068 = 0{,}068$.

Merke: Ich nehme mit 10 mal, indem ich das Komma eine Stelle nach rechts rücke.

1. Aufgabe: Nimm mit 10 mal

1640; 25,4135; 4,186; 0,009; 3,5; 16,286; 0,098;
712; 7,352; 16,001; 2,58; 0,49; 3,1225; 6,241.

Merke: Ich nehme mit 100 mal, indem ich 2 Nullen anhänge oder, falls ein Komma vorhanden ist, dasselbe 2 Stellen nach rechts rücke.

Beispiele: $14 \cdot 100 = 1400$; $6{,}3 \cdot 100 = 630$; $0{,}215 \cdot 100 = 21{,}5$.

2. Aufgabe: Nimm mit 100 mal

48; 395; 69,25; 8,495; 0,5; 8,2; 76; 0,14; 1367,2; 44,396; 0,0005; 52,468; 54; 3,4; 0,3.

Merke: Ich nehme mit 1000 mal, indem ich 3 Nullen anhänge oder, falls ein Komma vorhanden ist, dasselbe um 3 Stellen nach rechts rücke.

Beispiele: 35 · 1000 = 35000; 6,4 · 1000 = 6400; 0,0047 · 1000 = 4,7.

Bilde nach diesen Mustern selbständig zahlreiche Aufgaben. Bilde die entsprechenden Regeln über das Malnehmen mit 10000, 100000, 1000000 und übe tüchtig an selbst gewählten Aufgaben!

14. Das Teilen durch 10, 100, 1000 usw.

80 : 10 = 8,0   0,06 : 10 = 0,006   0,5 : 10 = 0,05
320 : 10 = 32,0   3,44 : 10 = 0,344   19,5 : 10 = 1,95

Merke: Ich teile durch 10, indem ich von der Zahl 1 Stelle abstreiche oder, falls ein Komma vorhanden ist, dasselbe 1 Stelle nach links rücke.

Aufgabe: Teile durch 10

46; 275; 9,4; 16,3; 0,8; 144,2; 76,5; 9; 0,314; 2,751; 168,3; 24,591; 0,7; 3,59; 0,18.

Das Teilen durch 100.

368 : 100 = 3,68;   4 : 100 = 0,04;   241,32 : 100 = 2,4132.

Merke: Ich teile durch 100, indem ich vom Ende der Zahl 2 Stellen abstreiche oder, falls ein Komma vorhanden ist, dasselbe um 2 Stellen nach links rücke.

Bilde nach vorstehenden Mustern Aufgaben und löse sie! Bilde ferner die entsprechenden Regeln über das Teilen durch 1000, 10000, 100000, 1000000! Übe an selbstgewählten Aufgaben, z. B. 7 : 10000 = 0,0007 (4 Stellen abstreichen!); 39,5 : 1000 = 0,0395 (Komma drei Stellen nach links rücken!); 2948,25 : 1000 = 2,94825 (Komma drei Stellen nach links rücken!); 492653 : 100000 = 4,92653 (5 Stellen abstreichen!) usf.

C. Von den Verhältnissen und Proportionen.

15. Das Wesen der Verhältnisrechnung. Falls der vorstehende Teil über die Bruchrechnung gründlich durchgearbeitet ist, bietet die Verhältnisrechnung kaum noch Schwierigkeiten. Wir müssen uns zunächst über das Wesen dieser Rechnung klar werden. Ein Tisch ist 1 m hoch, ein Schrank 2 m. Will ich beide Dinge hinsichtlich ihrer Größe miteinander vergleichen, so drücke ich das so aus: Der Tisch verhält sich zum Schrank wie 1 zu 2 oder, da es üblich ist, statt des Wortes „zu“ einen Doppelpunkt zu setzen, wie 1 : 2.

Den Ausdruck 1 : 2 nennt man ein Verhältnis. Durch solche Verhältnisaufstellung ist es mir leicht möglich, Zahlengrößen miteinander zu vergleichen. Aus dem Ausdruck: Der Tisch verhält sich zum Schrank wie 1 : 2, weiß ich sofort, daß der Schrank doppelt so groß ist wie der Tisch, oder daß der Tisch halb so groß ist wie der Schrank, oder daß der Tisch 1 Größeneinheit besitzt, während der Schrank 2 solche Einheiten besitzt.

Ein Baum sei 4 m hoch, ein Haus 12 m. Die Größe des Baumes verhält sich zur Größe des Hauses wie 4 : 12. Das ist wieder ein Verhältnis. Es will sagen: Rechnen wir auf den Baum 4 Größenteile, so kommen auf das Haus 12 solcher Größenteile; mit anderen Worten: Das Haus ist 3mal so groß wie der Baum. Demnach könnten wir auch sagen: Baum verhält sich zu Haus wie 1 : 3. Ob ich also sage 4 : 12 oder 1 : 3, das ist ganz gleich. Beide Verhältnisse haben denselben Wert; beide sagen, daß die zweite Größe 3mal so groß ist wie die erste. Der

Ausdruck 1 : 3 hat gegen den Ausdruck 4 : 12 jedoch den Vorteil, daß er kleinere Zahlen aufweist und dadurch übersichtlicher ist.

Merke: Es ist üblich, Verhältnisse in den kleinsten ganzen Zahlen auszudrücken.

Diese Kunst zu erlernen, sei nun unser Bestreben.

$4:8=1:2$. (Ich habe sowohl die 4 als auch die 8 durch 4 gekürzt.) $15:20 = 3:4$ (gekürzt durch 5). $18:20=9:10$ (gekürzt durch 2). $32:48=8:12$; $8:12$ sind aber noch nicht die kleinsten Zahlen. Sie lassen sich noch einmal kürzen, und zwar durch 4. Also $32:48=2:3$.

1. Aufgabe: Drücke in kleinsten ganzen Zahlen aus:

18 : 24	18 : 60	32 : 72	48 : 27	120 : 96	72 : 20	30 : 24	35 : 28	72 : 96
66 : 30	16 : 12	144 : 36	15 : 48	45 : 75	94 : 18	8 : 56	25 : 5	88 : 33

$\frac{5}{6}:3=$. Treten Brüche oder gemischte Zahlen im Verhältnis auf, so wird die Teilung durchgeführt (Abschn. 5), und dann werden die Ergebnisse wieder als Verhältnis geschrieben, z. B.

$$\tfrac{5}{6}:3=\frac{5}{6\cdot 3}=\tfrac{5}{18}=5:18;\quad 4:\tfrac{6}{7}=\frac{4\cdot 7}{6}=\frac{2\cdot 7}{3}=\tfrac{14}{3}=14:3;$$

$$\tfrac{3}{5}:\tfrac{3}{4}=\frac{3\cdot 4}{5\cdot 3}=\frac{1\cdot 4}{5\cdot 1}=\tfrac{4}{5}=4:5;\quad \tfrac{2}{15}:\tfrac{9}{10}=\frac{2\cdot 10}{15\cdot 9}=\frac{2\cdot 2}{3\cdot 9}=\tfrac{4}{27}=4:27;$$

$$3\tfrac{1}{4}:2\tfrac{2}{3}=\tfrac{13}{4}:\tfrac{8}{3}=\frac{13\cdot 3}{4\cdot 8}=\tfrac{39}{32}=39:32.$$

2. Aufgabe: Drücke in kleinsten ganzen Zahlen aus

$3:\frac{4}{9}$	$9\frac{3}{4}:\frac{2}{3}$	$4\frac{2}{7}:4$	$3\frac{1}{2}:\frac{4}{5}$	$\frac{5}{9}:\frac{5}{6}$	$5:\frac{3}{4}$	$\frac{5}{9}:\frac{1}{2}$	$9:6\frac{3}{4}$	$5\frac{1}{4}:\frac{2}{9}$
$1\frac{4}{9}:3\frac{1}{3}$	$3\frac{1}{2}:6$	$\frac{4}{9}:\frac{5}{6}$	$8:7\frac{5}{9}$	$1\frac{5}{6}:\frac{2}{3}$	$5\frac{1}{2}:4\frac{3}{4}$	$\frac{3}{5}:\frac{4}{7}$	$\frac{3}{5}:\frac{4}{9}$	$3\frac{3}{4}:\frac{2}{7}$
$\frac{7}{10}:\frac{5}{6}$	$9\frac{3}{4}:2\frac{5}{6}$	$\frac{11}{12}:\frac{3}{8}$	$\frac{7}{12}:\frac{3}{4}$	$2\frac{4}{5}:\frac{3}{8}$	$\frac{13}{15}:\frac{7}{8}$	$5\frac{3}{5}:3\frac{1}{2}$		

Treten Dezimalbrüche auf, z. B. 6 : 0,8, so werden sie gleichnamig gemacht (gleiche Stellenzahl nach dem Komma!), also 6,0 : 0,8; das Komma wird fortgelassen, also 60 : 8, dann wird gekürzt, wenn es möglich ist, also 15 : 2. Ergebnis: 6 : 0,8 = 15 : 2.

Beispiele: 0,04 : 3 = 0,04 : 3,00 = 4 : 300 = 1 : 75; 0,064 : 2,4 = 0,064 : 2,400 = 64 : 2400 = 2 : 75; 7,2 : 0,24 = 7,20 : 0,24 = 720 : 24 = 30 : 1.

3. Aufgabe: Drücke in kleinsten ganzen Zahlen aus:

0,9 : 3,6	0,46 : 1,8	0,05 : 12,5	8,4 : 0,036
0,25 : 8,75	0,09 : 0,042	3,9 : 0,52	0,3 : 0,003
2,5 : 12	4,8 : 0,48	1,2 : 36	0,07 : 42
4,6 : 18	0,06 : 6,4	0,12 : 3,6	16,8 : 0,021.

Treten Dezimalbruch und gemeiner Bruch auf, z. B. $0{,}8:3\frac{1}{2}$, so verwandle ich nach Bequemlichkeit die eine Art in die andere, so daß Brüche gleicher Art entstehen.

Also $0{,}8:3\tfrac{1}{2}=\tfrac{4}{5}:3\tfrac{1}{2}=\tfrac{4}{5}:\tfrac{7}{2}=\dfrac{4\cdot 2}{5\cdot 7}=\tfrac{8}{35}=8:35$;

oder $0{,}8:3\tfrac{1}{2}=0{,}8:3{,}5=8:35$.

In diesem Falle ist die zweite Art bequemer.

$0{,}25:4\tfrac{1}{5}=\tfrac{1}{4}:4\tfrac{1}{5}=\tfrac{1}{4}:\tfrac{21}{5}=\dfrac{1\cdot 5}{4\cdot 21}=\tfrac{5}{84}=5:84$;

oder $0{,}25:4\tfrac{1}{5}=0{,}25:4{,}2=0{,}25:4{,}20=25:420=5:84$.

$0{,}7:3\tfrac{1}{3}=\tfrac{7}{10}:3\tfrac{1}{3}=\tfrac{7}{10}:\tfrac{10}{3}=\dfrac{7\cdot 3}{10\cdot 10}=\tfrac{21}{100}=21:100$.

Die zweite Art der Lösung ist diesmal nicht zu verwerten, da ich $3\frac{1}{3}$ zu einem Dezimalbruch nicht umwandeln kann; denn $3\frac{1}{3}$ geht nicht auf. $3\frac{1}{3}=3{,}3333\ldots$

4. Aufgabe: Drücke in kleinsten ganzen Zahlen aus

$0{,}9 : \frac{3}{8}$	$0{,}8 : \frac{4}{7}$	$0{,}15 : \frac{5}{6}$	$0{,}96 : 1\frac{3}{4}$	$16\frac{1}{4} : 1{,}6$
$0{,}45 : \frac{2}{5}$	$1\frac{5}{6} : 3{,}5$	$\frac{7}{12} : 0{,}75$	$4{,}2 : 5\frac{1}{2}$	$\frac{12}{25} : 1{,}2$
$3{,}25 : \frac{5}{9}$	$6\frac{5}{9} : 2{,}25$	$2\frac{1}{2} : 4{,}8$	$10{,}2 : 3\frac{1}{2}$	$8{,}4 : \frac{1}{2}$
$6{,}1 : 2\frac{1}{2}$	$3\frac{1}{3} : 0{,}7$	$16{,}5 : 2\frac{1}{2}$	$4\frac{3}{5} : 14{,}5$	$6{,}5 : \frac{5}{8}$

16. Das Verhältnis als Bruch. 3 : 4 ist, wie wir soeben gelernt haben, ein Verhältnis und wird gelesen 3 zu 4. Aber es ist auch eine Divisionsaufgabe und wird gelesen 3 durch 4. Demnach kann ich auch $\frac{3}{4}$ schreiben (Abschn. 1). Zwischen Verhältnis, Divisionsaufgabe und Bruch ist kein Wertunterschied. Mithin kann ich jedes Verhältnis ohne weiteres als Bruch schreiben.

1. Aufgabe: Schreibe als Bruch (z. B. $8 : 11 = \frac{8}{11}$):

4 : 9	8 : 3	13 : 11	64 : 123	37 : 45	42 : 11
5 : 12	25 : 4	18 : 13	73 : 53	64 : 9	87 : 19

Wenn ein Verhältnis weiter nichts ist als ein Bruch, so kann ich es auch wie einen Bruch behandeln.

a) Ich kann das Verhältnis e r w e i t e r n (Abschn. 2):

$$5 : 7 = \frac{5}{7} = \frac{10}{14} = \frac{15}{21} = \frac{20}{28} \text{ usw.}; \quad 9 : 4 = \frac{9}{4} = \frac{18}{8} = \frac{45}{20} = \frac{81}{36}.$$

2. Aufgabe: Löse nach vorstehendem Muster, d. h. erweitere beliebig:

3 : 8	17 : 9	18 : 7	5 : 8	14 : 9	12 : 19
11 : 2	13 : 15	13 : 11	2 : 7	9 : 4	4 : 15

b) Ich kann das Verhältnis k ü r z e n (Abschn. 3):

$$14 : 21 = \frac{14}{21} = \frac{2}{3}; \quad 144 : 160 = \frac{144}{160} = \frac{9}{10}; \quad 50 : 90 = \frac{50}{90} = \frac{5}{9}$$

c) Ich kann Zähler und Nenner in F a k t o r e n zerlegen (Abschn. 4):

$\frac{15}{22}$: Für 15 kann ich auch $3 \cdot 5$ sagen, für 22 auch $2 \cdot 11$. Ich könnte den Bruch $\frac{15}{22}$ also auch $\frac{3 \cdot 5}{2 \cdot 11}$ schreiben. Wir sagen: Zähler und Nenner sind in Faktoren zerlegt. Siehe auch Faktorentafel S. 47. Andere Beispiele:

$$\frac{4}{15} = \frac{2 \cdot 2}{3 \cdot 5}; \quad \frac{24}{19} = \frac{3 \cdot 8}{1 \cdot 19}; \quad \frac{12}{35} = \frac{3 \cdot 4}{5 \cdot 7} \text{ oder } \frac{2 \cdot 6}{5 \cdot 7}; \quad \frac{16}{27} = \frac{4 \cdot 4}{3 \cdot 9} \text{ oder } \frac{2 \cdot 8}{3 \cdot 9}.$$

3. Aufgabe: Zerlege Zähler und Nenner in je 2 Faktoren:

$$\frac{15}{22} \quad \frac{21}{44} \quad \frac{27}{56} \quad \frac{18}{35} \quad \frac{36}{51} \quad \frac{25}{72} \quad \frac{10}{39} \quad \frac{64}{65} \quad \frac{81}{124} \quad \frac{96}{125} \quad \frac{84}{225} \quad \frac{48}{95}$$

Ist eine Zahl nicht zu zerlegen, so erhält sie als Faktor eine 1.

$$\text{Z. B.:} \quad \frac{3}{8} = \frac{1 \cdot 3}{2 \cdot 4}; \quad \frac{16}{29} = \frac{2 \cdot 8}{1 \cdot 29}; \quad \frac{7}{11} = \frac{1 \cdot 7}{1 \cdot 11}.$$

4. Aufgabe: Zerlege in Faktoren:

$$\frac{7}{35} \quad \frac{6}{17} \quad \frac{6}{23} \quad \frac{165}{29} \quad \frac{45}{31} \quad \frac{19}{48} \quad \frac{13}{17} \quad \frac{51}{67} \quad \frac{11}{13} \quad \frac{8}{29} \quad \frac{15}{71} \quad \frac{37}{83}$$

Zähler und Nenner können auch in drei oder noch mehr Faktoren zerlegt werden, wobei ebenfalls die 1 ein- oder mehrmal als Faktor angewandt wird.

$$\frac{48}{54} = \frac{2 \cdot 3 \cdot 8 \text{ (denn } 2 \times 3 \times 8 \text{ ist } 48)}{3 \cdot 3 \cdot 6 \text{ (denn } 3 \times 3 \times 6 \text{ ist } 54)}; \quad \frac{162}{225} = \frac{2 \cdot 9 \cdot 9}{5 \cdot 5 \cdot 9}.$$

$$\frac{35}{52} = \frac{1 \cdot 5 \cdot 7}{2 \cdot 2 \cdot 13}; \quad \frac{28}{45} = \frac{2 \cdot 2 \cdot 7}{3 \cdot 3 \cdot 5}; \quad \frac{7}{65} = \frac{1 \cdot 1 \cdot 7}{1 \cdot 5 \cdot 13}; \quad \frac{13}{29} = \frac{1 \cdot 1 \cdot 13}{1 \cdot 1 \cdot 29}.$$

5. Aufgabe: Zerlege Zähler und Nenner in drei Faktoren:

$$\frac{28}{63} \quad \frac{36}{75} \quad \frac{42}{58} \quad \frac{9}{16} \quad \frac{84}{125} \quad \frac{64}{95} \quad \frac{18}{63} \quad \frac{80}{144} \quad \frac{76}{92} \quad \frac{5}{7} \quad \frac{13}{27} \quad \frac{9}{31}$$

d) Die R e i h e n f o l g e der Faktoren ist g l e i c h g ü l t i g:

$$\frac{24}{75} = \frac{3 \cdot 8}{5 \cdot 15} \text{ oder } \frac{3 \cdot 8}{15 \cdot 5} \text{ oder } \frac{8 \cdot 3}{5 \cdot 15} \text{ oder } \frac{8 \cdot 3}{15 \cdot 5}.$$

Merke: Die Faktoren des Zählers können untereinander vertauscht werden. ebenso die Faktoren des Nenners; jedoch darf nie ein Faktor aus dem Zähler in den Nenner oder aus dem Nenner in den Zähler gesetzt werden.

$$\tfrac{36}{75} = \frac{2 \cdot 3 \cdot 6}{3 \cdot 5 \cdot 5} \text{ oder } \frac{3 \cdot 6 \cdot 2}{5 \cdot 3 \cdot 5} \text{ usw.}; \quad \tfrac{48}{81} = \frac{2 \cdot 4 \cdot 6}{3 \cdot 3 \cdot 9} \text{ oder } \frac{4 \cdot 2 \cdot 6}{3 \cdot 9 \cdot 3} \text{ usw.}$$

Auch in Faktoren zerlegte Verhältnisse können wieder erweitert werden. Die Gesamterweiterung des Zählers muß aber der Gesamterweiterung des Nenners entsprechen.

$\frac{3(\times 5) \cdot 7(\times 10)}{4 \cdot 8}$: Die Gesamterweiterung des Zählers beträgt $5 \times 10 = 50$. Folglich muß ich den Nenner insgesamt auch mit 50 erweitern. Wie ich diese Erweiterung auf die 4 und die 8 im Nenner übertrage, ist gleichgültig. Ich kann z. B. die 4 mit 2 und die 8 mit 25 erweitern; denn 2×25 ist auch 50. Also:

$$\frac{3 \times 5 \cdot 7 \times 10}{4 \times 2 \cdot 8 \times 25} = \frac{15 \cdot 70}{8 \cdot 200} \begin{matrix}(5 \cdot 10 = 50)\\(2 \cdot 25 = 50)\end{matrix}; \text{ oder } \frac{3 \times 5 \cdot 7 \times 10}{4 \times 10 \cdot 8 \times 5} \begin{matrix}(5 \cdot 10 = 50)\\(10 \cdot 5 = 50)\end{matrix} \text{ usw.}$$

Anderes Beispiel: $\frac{5 \cdot 12}{4 \cdot 9} = \frac{25 \cdot 60}{}$: Der Zähler ist im ganzen mit $5 \times 5 = 25$ erweitert; folglich muß der Nenner im ganzen auch mit 25 erweitert werden. Ich nehme etwa die 4 mit 5 mal, dann muß ich die 9 auch mit 5 malnehmen, denn $5 \times 5 = 25$. Also $\frac{5 \cdot 12}{4 \cdot 9} = \frac{25 \cdot 60}{20 \cdot 45}$. Oder ich nehme die 4 mit 25 mal, dann darf ich die 9 nur mit 1 malnehmen, denn $25 \cdot 1 = 25$. Also $\frac{5 \cdot 12}{4 \cdot 9} = \frac{25 \cdot 60}{100 \cdot 9}$ usw.

3. Beispiel: $\frac{3 \cdot 8}{5 \cdot 11} = \frac{30 \cdot 72}{90 \cdot 55} \begin{matrix}(\text{im ganzen mit } 10 \times 9 = 90)\\(\text{„ „ „ } 18 \times 5 = 90)\end{matrix}$.

4. Beispiel: $\frac{5 \cdot 18}{7 \cdot 8} = \frac{25 \cdot 90}{35 \cdot 40} \begin{matrix}(\text{im ganzen mit } 5 \times 5 = 25)\\(\text{„ „ „ } 5 \times 5 = 25)\end{matrix}$.

5. Beispiel: $\frac{14 \cdot 13}{1 \cdot 125} = \frac{70 \cdot 65}{25 \cdot 125} \begin{matrix}(\text{im ganzen mit } 5 \times 5 = 25)\\(\text{„ „ „ } 25 \times 1 = 25)\end{matrix}$.

6. Beispiel: $\frac{3 \cdot 7 \cdot 12}{1 \cdot 3 \cdot 15} = \frac{30 \cdot 35 \cdot 60}{25 \cdot 30 \cdot 15} \begin{matrix}(\text{im ganzen mit } 10 \times 5 \times 5 = 250)\\(\text{„ „ „ } 25 \times 10 \times 1 = 250)\end{matrix}$.

7. Beispiel: $\frac{3 \cdot 4 \cdot 8}{18 \cdot 5 \cdot 9} = \frac{30 \cdot 20 \cdot 40}{90 \cdot 50 \cdot 45} \begin{matrix}(\text{im ganzen mit } 10 \times 5 \times 5 = 250)\\(\text{„ „ „ } 5 \times 10 \times 5 = 250)\end{matrix}$.

Übe an selbstgewählten Beispielen bis zur vollständigen Sicherheit!

17. Von der Proportion. $3:4$ ist ein Verhältnis, als Bruch geschrieben $\frac{3}{4}$. $12:16$ ist auch ein Verhältnis, als Bruch $\frac{12}{16}$, gekürzt $\frac{3}{4}$. Beide Verhältnisse sind dem Werte nach $\frac{3}{4}$; demnach sind sie gleich. Folglich kann ich sagen $3:4 = 12:16$, d. h. ich kann die gleichen Verhältnisse durch Gleichheitsstriche verbinden. Dann entsteht eine Proportion. Eine Proportion besteht aus zwei gleichen Verhältnissen, die durch Gleichheitsstriche verbunden sind. Eine Proportion hat vier Glieder. Man unterscheidet äußere und innere Glieder. In $3 : 4 = 12 : 16$ sind 3 und 16 die äußeren Glieder; 4 und 12 sind die inneren Glieder. Die äußeren Glieder miteinander malgenommen ergeben $3 \times 16 = 48$; die inneren Glieder ergeben $4 \times 12 = 48$. Beide Ergebnisse sind gleich. Wir merken uns den äußerst wichtigen Lehrsatz:

Merke: In jeder Proportion ist das Produkt der inneren Glieder gleich dem Produkt der äußeren Glieder.

Beispiele: $7 : 10 = 14 : 20 \begin{cases}\text{innere Glieder } 10 \times 14 = 140\\ \text{äußere Glieder } 7 \times 20 = 140\end{cases}$.

$5 : 12 = 25 : 60 \begin{cases}\text{innere Glieder } 12 \times 25 = 300\\ \text{äußere Glieder } 5 \times 60 = 300\end{cases}$.

Diese Eigenart der Proportion ermöglicht uns, das fehlende vierte Glied zu finden, wenn die drei anderen bekannt sind, z. B. $3:4 = 9:?$ Das Produkt der inneren Glieder ist $4 \times 9 = 36$. Das Produkt der äußeren Glieder ist also ebenfalls 36. Also $3 \times ? = 36$. Der eine Faktor heißt 3; der unbekannte muß demnach 12 heißen, denn $3 \times 12 = 36$. Den unbekannten Faktor finde ich stets, indem ich das Ergebnis (36) durch den bekannten Faktor (3) teile.

Zusammenfassung: a) Das unbekannte äußere Glied finde ich, indem ich das Produkt aus den inneren Gliedern bilde und dies Produkt dann durch das bekannte äußere Glied teile.

b) Das unbekannte innere Glied finde ich, indem ich das Produkt aus den äußeren Gliedern bilde und dies Produkt durch das bekannte innere Glied teile.

Beispiele zu a:

$5:9 = 25:?$; Lösung: $9 \cdot 25 = 225$; $225:5 = 45$, also $5:9 = 25:45$.

Das Produkt $9 \cdot 25$ wirklich auszurechnen, ist nicht einmal nötig. Ich lasse die Faktoren zunächst als solche stehen und teile, indem ich einen Bruchstrich setze, also $= \frac{9 \cdot 25}{5}$. Das hat häufig den Vorteil, daß ich kürzen kann und Rechenarbeit erspare.

$6:11 = 18:?$; Lösung: $\frac{11 \cdot 18}{6} = \frac{11 \cdot 3}{1} = 33$; also $6:11 = 18:33$.

$4:7 = 20:?$; Lösung: $\frac{7 \cdot 20}{4} = \frac{7 \cdot 5}{1} = 35$; also $4:7 = 20:35$.

$5:35 = 45:?$; Lösung: $\frac{35 \cdot 45}{5} = \frac{35 \cdot 9}{1} = 315$; also $5:35 = 45:315$.

Das Ergebnis kann auch ein Bruch sein, z. B.

$16:12 = 10:?$; Lösung: $\frac{12 \cdot 10}{16} = \frac{3 \cdot 5}{2} = \frac{15}{2} = 7\frac{1}{2}$; also $16:12 = 10:7\frac{1}{2}$.

Beispiele zu b:

$5:8 = ?:32$; Lösung: $\frac{5 \cdot 32}{8} = \frac{5 \cdot 4}{1} = 20$; also $5:8 = 20:32$.

$3:10 = ?:16$; Lösung: $\frac{3 \cdot 16}{10} = \frac{3 \cdot 8}{5} = \frac{24}{5} = 4\frac{4}{5}$; also $3:10 = 4\frac{4}{5}:16$.

Beim Verwerten der Proportion in der Wechselräderberechnung wird es auch häufig vorkommen, daß ein Glied der Proportion ein Bruch ist. Die Lösung bleibt dieselbe, z. B.:

$$35:44 = 8\tfrac{1}{2}:?;\ \frac{44 \cdot 8\frac{1}{2}}{35} = \frac{44 \cdot 17}{35 \cdot 2},\ \text{gekürzt}\ \frac{22 \cdot 17}{35 \cdot 1} = \frac{374}{35} = 10\tfrac{24}{35}.$$

$$7:16 = ?:0{,}75;\ \frac{7 \cdot 0{,}75}{16} = \frac{5{,}25}{16};\ 5{,}25:16 = 0{,}328;\ \text{also}\ 7:16 = 0{,}328:0{,}75.$$

$$36:125 = \tfrac{127}{30}:?;\ \frac{125 \cdot 127}{36 \cdot 30},\ \text{gekürzt}\ \frac{25 \cdot 127}{36 \cdot 6} = \tfrac{3175}{216};\ 3175:216 = 14{,}699;$$

$$\text{also}\ 36:125 = \tfrac{127}{30}:14{,}699.$$

Aufgabe: Suche das unbekannte Glied!

$6:19 = 18:?$	$5:7 = 4{,}2:?$	$15:22 = ?:44$
$12:19 = 24:?$	$9:19 = 3{,}5:?$	$25:36 = ?:24$
$4:5 = 20:?$	$13:15 = 9\frac{1}{2}:?$	$63:16 = ?:10$
$18:25 = 54:?$	$96:17 = 13\frac{2}{3}:?$	$8:65 = ?:3{,}25$
$46:36 = 23:?$	$37:25 = 5\frac{5}{6}:?$	$28:5 = ?:35\frac{13}{15}$
$13:27 = 15:?$	$58:5 = 5\frac{3}{4}:?$	$14:51 = ?:7{,}485$

18. Vom Vergleichen der Zahlen. Sehr häufig kommt es in der Wechselräderberechnung vor, daß man Zahlen miteinander vergleichen muß. Ist $\frac{7}{12}$ größer oder kleiner als $\frac{5}{9}$? Um wieviel ist der erste Bruch größer oder kleiner? Gemeine Brüche kann man sehr schlecht miteinander vergleichen, darum verwandle ich sie in Dezimalbrüche (Abschn. 10):

$\frac{7}{12} = 7:12 = 0{,}5833$; $\frac{5}{9} = 5:9 = 0{,}5555$. Nun sehe ich sofort, daß $\frac{7}{12}$ größer ist als $\frac{5}{9}$, und zwar um 278 Zehntausendstel, denn $0{,}5833 - 0{,}5555 = 0{,}0278$.

Rechne stets bis auf vier oder fünf Dezimalstellen.

$\frac{13}{18}$ und $\frac{7}{10}$ sind zu vergleichen! $\frac{13}{18} = 13:18 = 0{,}7222$; $\frac{7}{10} = 7:10 = 0{,}7000$.

Unterschied: $0{,}7222 - 0{,}7000 = 0{,}0222$

$\frac{7}{15}$ und 0,4669 sind zu vergleichen! $\frac{7}{15} = 7:15 = 0{,}4666$.

Unterschied: $0{,}4669 - 0{,}4666 = 0{,}0003$

Aufgabe: Vergleiche $\frac{13}{25}$ und $\frac{17}{35}$; $\frac{7}{15}$ und 0,5695; $\frac{24}{39}$ und $\frac{15}{24}$; $\frac{5}{12}$ und $\frac{15}{31}$; 0,7324 und $\frac{13}{18}$; $\frac{45}{49}$ und $\frac{91}{99}$; $\frac{38}{17}$ und $\frac{78}{35}$.

II. Das Berechnen von Wechselrädern.

A. Wechselräder und ihre Anordnung.

19. Hauptmaße und Übersetzungsverhältnisse von Wechselrädern. Die Wechselräder sind wie alle Zahnräder nach bestimmten Grundsätzen gestaltet. Ihre Größe ist durch die Zahnteilung und durch die Zähnezahl bestimmt. Die Zahnteilung wird in Modul gerechnet, und zwar bedeutet 1 Modul = $1 \cdot 3{,}1416$ mm; 2 Modul = $2 \cdot 3{,}1416 = 6{,}2832$ mm usf. Diese Zahl ist gewählt worden, weil sie für einen Kreis (vgl. Abschn. 36 b) das Verhältnis seines Umfanges zum Durchmesser angibt; sie wird allgemein mit π (griech., sprich pi) bezeichnet und ist genau 3,14159265...; meist wird einfach mit $\pi = 3{,}14$ oder mit $\pi = \frac{22}{7}$ $(=3{,}1428)$ gerechnet. Die Zahnteilung ist die Strecke von Zahnmitte bis Zahnmitte zweier Nachbarzähne und wird auf dem Teilkreis gemessen. Kennt man außer der Zahnteilung auch noch die Anzahl der Zähne, so sind Teilkreisumfang, Teilkreisdurchmesser und Teilkreishalbmesser leicht festzustellen. Hat ein Zahnrad bei 2 Modul Zahnteilung 60 Zähne, so ist sein Teilkreisumfang 60 mal Zahnteilung, also 60 mal $2 \cdot 3{,}1416 = 60 \cdot 6{,}2832 = 376{,}992$ mm. Allgemein: Teilkreisumfang = Zähnezahl $\times$ Modul $\times\, \pi$ (in mm). Den Teilkreisdurchmesser findet man, indem man den Umfang durch π teilt. Also

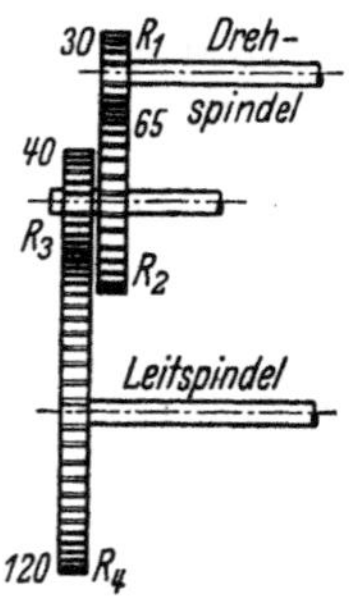

Abb. 1.

$$\text{Teilkreisdurchmesser} = \frac{\text{Zähnezahl} \times \text{Modul} \times \pi}{\pi},$$

gekürzt = Zähnezahl $\times$ Modul.

Im obigen Beispiel ist der Teilkreisdurchmesser also $60 \cdot 2 = 120$ mm. Der Teilkreishalbmesser ist halb so groß, also

$$\text{Teilkreishalbmesser} = \frac{\text{Zähnezahl} \times \text{Modul}}{2}; \left(\frac{60 \cdot 2}{2} = 60\ \text{mm}\right).$$

Merke: Zahnteilung = Modul $\times\, \pi$; Teilkreisdurchmesser = Modul $\times$ Zähnezahl; Teilkreishalbmesser = $\frac{1}{2}$ Modul $\times$ Zähnezahl; Achsenabstand zweier im Eingriff befindlicher Zahnräder = Summe der Halbmesser, also = $\frac{1}{2}$ Modul $\times$ Summe der Zähnezahlen (Maße in mm).

Die Wechselräder haben den Zweck, Drehspindel und Leitspindel zwangsläufig miteinander zu verbinden und bestimmte Übersetzungen zu bewirken. Man unterscheidet treibende und getriebene Räder. In Abb. 1 sind R_1 und R_3 treibende, R_2 und R_4 getriebene Räder. In den Zahlentafeln sind die Räderzahlen nebeneinander angeordnet; z. B. 60, 30, 45, 125. Dann sind 60 und 45 treibende, 30 und 125 getriebene Räder. Bei den 6 Wechselrädern 60, 30, 40, 75, 45, 125 sind 60, 40, 45 treibende, 30, 75, 125 getriebene Räder.

Merke: Treibende Räder kommen über den Bruchstrich, getriebene Räder unter den Bruchstrich. Die so geordneten Zahlen können dann gekürzt werden. Dadurch erhält man das Räderverhältnis[1]. Also $\frac{60 \cdot 45}{30 \cdot 125} = \frac{2 \cdot 9}{1 \cdot 25} = \frac{18}{25}$.

1. Aufgabe: Ordne und kürze: a) 30, 80, 95, 125; b) 60, 25, 55, 120; c) 70, 80, 60, 125; d) 20, 100, 25, 125; e) 120, 20, 90, 40, 60, 85.

20. Das Zusammenbringen der Wechselräder. Um die Räder „zusammenbringen" zu können, müssen folgende Bedingungen erfüllt sein:

a) Die Räder müssen groß genug gewählt werden. Haben die Zahnräder z. B. 2 Modul Zahnteilung, so muß die Summe der Zähnezahlen aller 4 (oder 6) Räder nach Abschn. 19 mindestens so groß sein wie der Abstand der Drehspindelradwelle von der Leitspindelradwelle in mm. Ist der Wellenabstand z.B. 250 mm, so muß die Summe der Zähnezahlen bei Modul 2 mindestens auch 250 sein; bei Modul $2\frac{1}{2}$ mindestens 200 Zähne, bei Modul 3 mindestens 167 Zähne. $\frac{40 \cdot 30}{60 \cdot 80}$ würde im ersten Fall zu klein sein. Man erweitert dann! Für $\frac{40}{60}$ ($= \frac{2}{3}$) kann man auch $\frac{50}{75}$ oder $\frac{60}{90}$ oder $\frac{80}{120}$ setzen; statt $\frac{30}{60}$ ($= \frac{1}{2}$) können $\frac{35}{70}$ oder $\frac{40}{80}$ usw. gesetzt werden. $\frac{80 \cdot 35}{120 \cdot 70}$ würde der Größe nach brauchbar sein; denn $80 + 120 + 35 + 70 = 305$, also über 250!

b) Aber auch in dieser Anordnung werden die Räder noch nicht zusammenzubringen sein. Wir ordnen sie um in $\frac{80 \cdot 35}{70 \cdot 120}$.

Merke: Das 2. Rad (70) muß mindestens 25 Zähne kleiner sein, als das 3. Rad (35) und das 4. Rad (120) zusammen; das 3. Rad (35) muß mindestens 25 Zähne kleiner sein als das 1. (80) und 2. Rad (70) zusammen.

Das kann erreicht werden durch Vertauschen der treibenden Räder unter sich oder der getriebenen Räder unter sich. Also 80 und 35 (obiges Beispiel) können in 35 und 80 umgestellt werden, ebenso auch 120 und 70 in 70 und 120. Tausche aber nie ein treibendes Rad mit einem getriebenen aus!

2. Aufgabe: Bringe folgende Räder in brauchbare Reihenfolge: a) 50, 80, 120, 60; b) 20, 80, 125, 50; c) 30, 60, 90, 120; d) 20, 75, 110, 90.

c) Bei 6 Wechselrädern ist außerdem zu beachten, daß das 3. und 4. Wechselrad zusammen mindestens 5 Zähne mehr aufweisen als das 2. und 5. Wechselrad; z. B. $\frac{30 \cdot 50 \cdot 80}{40 \cdot 20 \cdot 120}$ unbrauchbar; $\frac{80 \cdot 50 \cdot 30}{20 \cdot 40 \cdot 120}$ brauchbar.

21. Gang-, Steigungs-, Radverhältnis. An einer einfachen Aufgabe wollen wir das Wesen der Wechselräderberechnung kennenlernen: Leitspindel 4 Gang, ein Gewinde von 12 Gang soll geschnitten werden. An der Drehbank haben wir auf ein dreifaches Verhältnis zu achten:

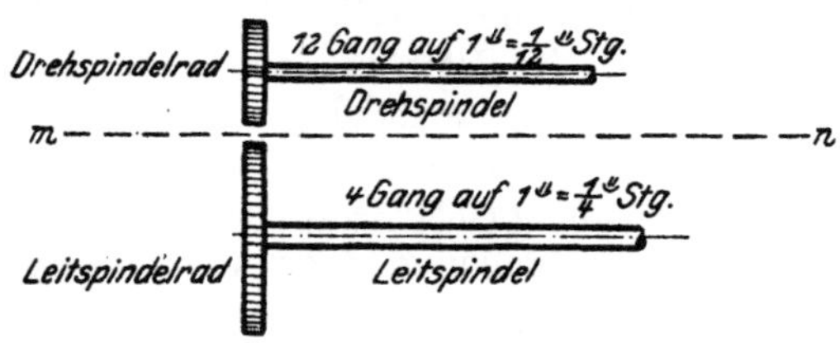

Abb. 2.

a) Das Gangverhältnis, abgekürzt Gv, stellt das Verhältnis zwischen den Gangzahlen fest. Beim Aufstellen von Verhältnissen wollen wir stets mit der Drehspindel beginnen. Wie Abb. 2 zeigt, kann man die Drehbank gleichsam als Bruch oder Verhältnis auffassen. Die Drehspindel gleicht, wenn wir den Bruchstrich *mn*

[1] Nach DIN 868 ist „Übersetzungsverhältnis" das Verhältnis der Umdrehungen in Richtung der Kraftübertragung (treibende durch getriebene Räder). Somit ist das Übersetzungsverhältnis der Kehrwert (reziproke Wert) des Räderverhältnisses, hier $\frac{25}{18}$.

ziehen, dem Zähler, die Leitspindel dem Nenner; oder die Drehspindel wird in dem Verhältnis zum Vorderglied, die Leitspindel zum Hinterglied. Das Gangverhältnis würde also lauten: Drehspindelgänge : Leitspindelgängen = 12 : 4, gekürzt = 3 : 1. Kurz DG : LG = 3 : 1 (sprich DG zu LG gleich 3 zu 1). Zu erwähnen wäre noch, daß der Ausdruck „Drehspindelgänge" dem Ausdruck „Leitspindelgänge" nachgebildet wurde. Selbstverständlich hat nicht die Drehspindel die Gangzahl, sondern das eingespannte Arbeitsstück.

b) Das Steigungsverhältnis (Stv). In obiger Aufgabe ist die Drehspindelsteigung $= \frac{1}{12}''$, die Leitspindelsteigung $= \frac{1}{4}''$. Also Dst : Lst $= \frac{1}{12} : \frac{1}{4} = \frac{1 \cdot 4}{12 \cdot 1} = \frac{1}{3} = 1 : 3$.

c) Das Räderverhältnis (Rv). Wie die Überlegung lehrt, muß sich bei der in Abb. 2 dargestellten Aufgabe die Drehspindel dreimal so schnell drehen wie die Leitspindel; folglich muß sie ein dreimal so kleines Rad erhalten. Würden wir der Leitspindel ein Rad von 12 Zähnen geben, so müßte die Drehspindel ein Rad von 4 Zähnen erhalten. Also Drehspindelrad : Leitspindelrad = 4 : 12 = 1 : 3. Kurz DR : LR = 1 : 3. Das Räderverhältnis gleicht demnach dem Steigungsverhältnis. Beide haben den Wert 1 : 3. Folglich können wir sagen

DR : LR = DSt : LSt (Steigungsformel).

Das Räderverhältnis stimmt jedoch nicht mit dem Gangverhältnis überein. Soll das geschehen, so muß ich das Gangverhältnis umdrehen und statt 3 : 1 muß ich 1 : 3 setzen. Dann heißt es nicht mehr DG : LG = 3 : 1, sondern LG : DG = 1 : 3. Nun stimmen aber Räderverhältnis und Gangverhältnis überein und man kann sagen

DR : LR = LG : DG (Gangformel).

Merke: Räderverhältnis und Steigungsverhältnis stimmen überein. Räderverhältnis und Gangverhältnis sind entgegengesetzt.

In jeder Aufgabe muß das Räderverhältnis gefunden werden. Ist es nach den Angaben der Aufgabe möglich, das Steigungsverhältnis zu finden, so haben wir zugleich auch das Räderverhältnis gefunden. Ist es nach den Angaben der Aufgabe möglich, das Gangverhältnis aufzustellen, so drehe ich es um und erhalte dadurch das Radverhältnis.

B. Die Leitspindel hat Gangsteigung.

22. Das Arbeitsstück soll Gangsteigung erhalten. Die erste Aufgabe wird mit größter Ausführlichkeit behandelt, damit nach diesem Muster dann jede Aufgabe mit Leichtigkeit gelöst werden kann. Die Form des Musters ist genau einzuhalten. Ist irgendein rechnerischer Vorgang unklar, so sind die entsprechenden Abschnitte im I. Teil (Allgemeines Rechnen) noch einmal durchzuarbeiten. Dort ist jede in Betracht kommende Erläuterung zu finden.

1. Aufgabe: Leitspindel 4 Gang; es sollen 26 Gang geschnitten werden.

Lösung: a) Gleichnamigmachen. Zuerst bringen wir Arbeitsstück und Leitspindel auf gleiche Gewindebezeichnung, also auf Gang und Gang, oder auf Steigung und Steigung, denn nur Gleichnamiges kann man zum Verhältnis zusammenstellen. Im vorliegenden Beispiel sind die Gewinde schon gleichnamig. In späteren Aufgaben sind kleine Umrechnungen nötig.

b) Feststellen des Räderverhältnisses. Aus den Angaben der Aufgabe kann ich das Gangverhältnis bilden. Durch Umkehren desselben erhalte ich dann das Radverhältnis. Also Gv $= 26 : 4 = \frac{26}{4} = \frac{13}{2}$; Rv $= \frac{2}{13}$. (Stets mit der Drehspindel beginnen!)

c) Ausrechnen der Räder. Die Räder finden wir durch Erweitern des Radverhältnisses oder durch Zerlegen in Faktoren und Erweitern (Abschn. 16).

Wir wollen stets den 5er Satz (also 20, 25, 30, 35... bis 130, dazu das 127er Rad) benutzen.

Also ist für unser Beispiel Rv $= \frac{2}{13} = \frac{20}{130}$. Dazu kommt ein Zwischenrad von mindestens 100 Zähnen.

Um das Gewinde mit 4 Rädern zu schneiden, muß Rv in Faktoren zerlegt werden: $\frac{2}{13} = \frac{1 \cdot 2}{1 \cdot 13} = \frac{30 \cdot 40}{120 \cdot 65}$ (Abschn. 16), besser geordnet $\frac{30 \cdot 40}{65 \cdot 120}$. Die Räder nicht zu klein wählen! Für einen Achsenabstand zwischen Drehspindel und Leitspindel von 250 mm und Modul 2 muß nach Abschn. 21 die Summe der Zähnezahlen mindestens 250 sein. Wir haben hier $30 + 65 + 40 + 120 = 255$. Also geeignet! Die Drehspindel erhält das 30er Rad. Es treibt das 65er Rad (Scherenbolzen). Vor dieses wird als treibendes Rad das 40er Rad gesteckt im Eingriff mit dem 120er Rad, das auf die Leitspindel kommt (Abb. 1).

Probe: Sie ist unerläßlich, da sie über Richtigkeit und Genauigkeit Gewißheit gibt. Bei der Probe gehe ich von den errechneten Rädern aus. Es wird sorgfältig gekürzt. Das Ergebnis muß gleich dem Rv sein. Also $\frac{30 \cdot 40}{65 \cdot 120}$, gekürzt $\frac{2 \cdot 1}{13 \cdot 1} = \frac{2}{13}$. Dadurch haben wir die 4 Räder gleichsam wieder auf 2 Räder zurückgeführt. Die 2 wäre DR, die 13 wäre LR. Außerdem ist uns als sicher die Gangzahl der Leitspindel aus der Aufgabe bekannt. Von den 4 Gliedern der Gangformel DR : LR = LG : DG sind 3 Glieder bekannt, folglich ist das 4. Glied zu finden (Abschn. 17). Unter die Gangformel setzen wir die entsprechenden Zahlen und lösen dann die Proportion in bekannter Weise. Also

$$\begin{matrix} DR : LR = LG : DG \\ 2 : 13 = 4 : ? \end{matrix}\ ;\ \text{gelöst}\ \frac{4 \cdot 13}{2} = \frac{2 \cdot 13}{1} = 26\ \text{Gg.}$$

Folglich stimmen die Wechselräder!

Da nach diesem Schema alle Wechselräderberechnungen durchgeführt werden sollen, sei es nochmals zusammengefaßt wiedergegeben:

Aufgabe: Angaben über Leitspindel und zu schneidendes Gewinde liegen vor. Wechselräder werden gesucht.

Lösung: a) Gleichnamigmachen der Gewindebezeichnungen von Werkstück und Leitspindel.

b) Je nach Art der Aufgabe das Gangverhältnis (Gv) oder das Steigungsverhältnis (Stv) bilden und daraus das Räderverhältnis (Rv) bestimmen.

c) Räder berechnen durch Zerlegen und Erweitern des Rv.

Probe: Je nach Art der Aufgabe unter Benutzung der Gangformel oder der Steigungsformel (Abschn. 21).

2. Aufgabe: Leitsp. 2 Gg. Schneide $6\frac{3}{4}$ Gg.

Lösung: a) Drsp. $6\frac{3}{4}$ Gg; Leitsp. 2 Gg.

b) Gv $= 6\frac{3}{4} : 2 = \frac{27}{4 \cdot 2} = \frac{27}{8}$; Rv $= \frac{8}{27}$.

c) $\frac{8}{27} = \frac{2 \cdot 4}{3 \cdot 9} = \frac{80 \cdot 40}{120 \cdot 90}$, besser $\frac{80 \cdot 40}{90 \cdot 120}$.

Probe: $\frac{80 \cdot 40}{90 \cdot 120} = \frac{8 \cdot 1}{9 \cdot 3} = \frac{8}{27}$.

$$\begin{matrix} DR : LR = LG : DG; \\ 8 : 27 = 2 : ? ; \end{matrix}$$

$$\frac{27 \cdot 2}{8} = \frac{27 \cdot 1}{4} = \frac{27}{4} = 6\frac{3}{4}\ \text{Gg.}$$

3. Aufgabe: Leitsp. 4 Gg. Schneide $19\frac{1}{5}$ Gg.

Lösung: a) Drsp. $19\frac{1}{5}$ Gg; Leitsp. 4 Gg.

b) Gv $= 19\frac{1}{5} : 4 = \frac{96}{5 \cdot 4} = \frac{24}{5 \cdot 1} = \frac{24}{5}$; Rv $= \frac{5}{24}$.

c) $\frac{5}{24} = \frac{25}{120}$ oder $\frac{1 \cdot 5}{3 \cdot 8} = \frac{40 \cdot 50}{120 \cdot 80} = \frac{40 \cdot 50}{80 \cdot 120}$.

Probe: $\frac{40 \cdot 50}{80 \cdot 120} = \frac{1 \cdot 5}{2 \cdot 12} = \frac{5}{24}$.

$$\begin{matrix} DR : LR = LG : DG \\ 5 : 24 = 4 : ? \end{matrix}\ ;\ \frac{24 \cdot 4}{5} = \frac{96}{5} = 19\frac{1}{5}\ \text{Gg.}$$

4. Aufgabe: Leitsp. 6 Gg. Schneide 45 Gg.

Lösung: a) Drsp. 45 Gg; Leitsp. 6 Gg.

b) $Gv = 45 : 6 = \frac{45}{6} = \frac{15}{2}$. $Rv = \frac{2}{15}$.

c) $\frac{2}{15} = \frac{1 \cdot 2}{3 \cdot 5} = \frac{30 \cdot 40}{90 \cdot 100}$.

Probe: $\frac{30 \cdot 40}{90 \cdot 100} = \frac{1 \cdot 2}{3 \cdot 5} = \frac{2}{15}$.

DR : LR = LG : DG;
2 : 15 = 6 : ? ;

$\frac{6 \cdot 15}{2} = \frac{3 \cdot 15}{1} = 45$ Gg

5. Aufgabe: Leitsp. 2 Gg. Schneide 56 Gg.

Lösung: a) Drsp. 56 Gg; Leitsp. 2 Gg.

b) $Gv = 56 : 2 = \frac{56}{2} = \frac{28}{1}$; $Rv = \frac{1}{28}$.

c) $\frac{1}{28} = \frac{1 \cdot 1 \cdot 1}{1 \cdot 4 \cdot 7} = \frac{20 \cdot 20 \cdot 25}{35 \cdot 80 \cdot 100}$.

Probe: $\frac{20 \cdot 20 \cdot 25}{35 \cdot 80 \cdot 100} = \frac{1 \cdot 1 \cdot 1}{7 \cdot 4 \cdot 1} = \frac{1}{28}$.

DR : LR = LG : DG;
1 : 28 = 2 : ? ;
$\frac{2 \cdot 28}{1} = 56$ Gg.

(Bei ganz groben oder ganz feinen Gewinden sind oft 6 Räder nötig.)

6. Aufgabe: Leitsp. a) 1 Gg; b) 2 Gg; c) 4 Gg; d) 5 Gg; e) 6 Gg; f) 8 Gg. Zu schneiden sind 15 Gg, 24 Gg, $2\frac{1}{4}$ Gg, $16\frac{3}{4}$ Gg, 45 Gg, $8\frac{1}{4}$ Gg. Berechne die Wechselräder! 36 Aufgaben!

23. Das Arbeitsstück soll Zollsteigung erhalten. Ins Verhältnis kann nur Gleichnamiges gesetzt werden. Aus Gang und Steigung kann kein Verhältnis gebildet werden, wohl aber aus Gang : Gang oder Steigung : Steigung. Die Umwandlung der einen Art in die andere ist nötig. 4 Gang auf 1″ heißt: Ein Zoll weist 4 Gänge auf; folglich ist 1 Gang nur $\frac{1}{4}$″ hoch. Die Höhe eines Ganges ist aber seine Steigung. 4 Gang auf 1″ sind demnach $\frac{1}{4}$″ Steig. 6 Gg oder $\frac{1}{6}$″ Steig; 12 Gg oder $\frac{1}{12}$″ Steig usf.

$2\frac{1}{2}$ Gang auf 1″ sind 5 Gang auf 2″; folglich ist 1 Gang der fünfte Teil von 2″, das ist $\frac{2}{5}$″ Steig. Kurz $\frac{5}{2}$ Gg = $\frac{2}{5}$″ Steig. Ebenso $4\frac{2}{3}$ Gg oder $\frac{14}{3}$ Gg = $\frac{3}{14}$″ Steig.

Merke: Gang verwandelt man in Zollsteigung oder Zollsteigung in Gang, indem man den Bruch umkehrt, also

Gg auf 1″	1	2	3	4	5	6	8
Steig in Zoll	1	$\frac{1}{2}$	$\frac{1}{3}$	$\frac{1}{4}$	$\frac{1}{5}$	$\frac{1}{6}$	$\frac{1}{8}$

7. Aufgabe: Verwandle in ″Steigung 2 Gg; 7 Gg; 15 Gg; $8\frac{1}{2}$ Gg; $9\frac{3}{4}$ Gg; $17\frac{1}{2}$ Gg; 24 Gg; $13\frac{1}{2}$ Gg; 60 Gg; $7\frac{1}{4}$ Gg; $4\frac{1}{11}$ Gg; $2\frac{5}{8}$ Gg; $6\frac{1}{4}$ Gg.

8. Aufgabe: Verwandle in Gang: (Beispiel: $\frac{4}{7}$″ Steig = $\frac{7}{4}$ Gg = $1\frac{3}{4}$ Gg.) $\frac{1}{3}$″ Steig; $\frac{15}{22}$″ Steig; $\frac{13}{18}$″ Steig; $\frac{29}{2}$″ Steig; $\frac{4}{33}$″ Steig; $\frac{5}{32}$″ Steig; $\frac{4}{57}$″ Steig.

9. Aufgabe: Leitsp. 4 Gg. Schneide $\frac{2}{27}$″ Steig.

Lösung: a) Drsp. $\frac{2}{27}$″ Steig; Leitsp. $\frac{1}{4}$″ Steig.

b) $Stv = \frac{2}{27} : \frac{1}{4} = \frac{2 \cdot 4}{27 \cdot 1} = \frac{8}{27}$; $Rv = \frac{8}{27}$.

c) $\frac{8}{27} = \frac{2 \cdot 4}{3 \cdot 9} = \frac{50 \cdot 40}{75 \cdot 90}$.

Probe: $\frac{50 \cdot 40}{75 \cdot 90} = \frac{2 \cdot 4}{3 \cdot 9} = \frac{8}{27}$.

DR : LR = Dst : Lst;
8 : 27 = ? : $\frac{1}{4}$;

$\frac{1 \cdot 8}{4 \cdot 27} = \frac{1 \cdot 2}{1 \cdot 27} = \frac{2}{27}$″ Steig.

10. Aufgabe: Leitsp. 8 Gg. Schneide $\frac{5}{8}$″ Steig.

Lösung: a) Drsp. $\frac{5}{8}$″ Steig; Leitsp. $\frac{1}{8}$″ Steig.

b) $Stv = \frac{5}{8} : \frac{1}{8} = \frac{5 \cdot 8}{8 \cdot 1} = \frac{5}{1}$; $Rv = \frac{5}{1}$.

c) $\frac{5}{1} = \frac{1 \cdot 5}{1 \cdot 1} = \frac{75 \cdot 120}{60 \cdot 30} = \frac{120 \cdot 75}{30 \cdot 60}$.

Probe: $\frac{120 \cdot 75}{30 \cdot 60} = \frac{1 \cdot 5}{1 \cdot 1} = \frac{5}{1}$.

DR : LR = Dst : Lst;
5 : 1 = ? : $\frac{1}{8}$;

$\frac{1 \cdot 5}{8 \cdot 1} = \frac{5}{8}$″ Steig.

11. Aufgabe: Leitspindel a) 1 Gg; b) 2 Gg; c) 4 Gg; d) 5 Gg; e) 6 Gg; f) 8 Gg. Schneide $2\frac{3}{8}$″ Steig; $\frac{4}{5}$″ Steig; $\frac{9}{16}$″ Steig; $\frac{2}{9}$″ Steig; $\frac{1}{30}$″ Steig; $\frac{1}{14}$″ Steig. (36 Aufgaben!)

24. Das Arbeitsstück soll Millimetersteigung erhalten. Die Gangzahl der Leitspindel muß auf Millimetersteigung umgerechnet werden; z. B. 2 Gg haben zusammen 1 Zoll = 25,4 mm Steig, auf jeden der beiden kommen also $= \frac{25{,}4}{2} = \frac{254}{20} = \frac{127}{10}$ mm Steig. So sind 3 Gg auf 1 Zoll $= \frac{25{,}4}{3} = \frac{254}{30} = \frac{127}{15}$ mm Steig.

Gg auf 1″	1	2	3	4	5	6	8
Steig in mm	$\frac{127}{5}$	$\frac{127}{10}$	$\frac{127}{15}$	$\frac{127}{20}$	$\frac{127}{25}$	$\frac{127}{30}$	$\frac{127}{40}$

Ein 127er Rad ist notwendig. Ohne 127er Rad sind die Gewinde auch zu schneiden. Es sind dann Näherungswerte zu berechnen. Darüber später (Abschn. G).

12. Aufgabe: Leitsp. 6 Gg. Schneide $\frac{4}{5}$ mm Steig.

Lösung: a) Drsp. $\frac{4}{5}$ mm Steig; Leitsp. $\frac{127}{30}$ mm Steig.

b) $\text{Stv} = \frac{4}{5} : \frac{127}{30} = \frac{4 \cdot 30}{5 \cdot 127} = \frac{4 \cdot 6}{1 \cdot 127} = \frac{24}{127}$;

$\text{Rv} = \frac{24}{127}$. c) $\frac{24}{127} = \frac{6 \cdot 4}{1 \cdot 127} = \frac{30 \cdot 60}{75 \cdot 127}$.

Probe: $\frac{30 \cdot 60}{75 \cdot 127} = \frac{6 \cdot 4}{1 \cdot 127} = \frac{24}{127}$.

$\text{DR} : \text{LR} = \text{Dst} : \text{Lst}$;
$24 : 127 = \;? : \frac{127}{30}$;

$\frac{127 \cdot 24}{30 \cdot 127} = \frac{1 \cdot 4}{5 \cdot 1} = \frac{4}{5}$ mm Steig.

13. Aufgabe: Leitsp. 2 Gg; Schneide 18 mm Steig.

Lösung: a) Drsp. 18 mm Steig; Leitsp. $\frac{127}{10}$ mm Steig.

b) $\text{Stv} = 18 : \frac{127}{10} = \frac{18 \cdot 10}{127} = \frac{180}{127}$; $\text{Rv} = \frac{180}{127}$.

c) $\frac{180}{127} = \frac{2 \cdot 90}{1 \cdot 127} = \frac{60 \cdot 90}{30 \cdot 127} = \frac{90 \cdot 60}{30 \cdot 127}$.

Probe: $\frac{90 \cdot 60}{30 \cdot 127} = \frac{3 \cdot 60}{1 \cdot 127} = \frac{180}{127}$.

$\text{DR} : \text{LR} = \text{Dst} : \text{Lst}$;
$180 : 127 = \;? : \frac{127}{10}$;

$\frac{127 \cdot 180}{10 \cdot 127} = \frac{1 \cdot 18}{1 \cdot 1} = 18$ mm Steig.

14. Aufgabe: Leitspindel a) 1 Gg; b) 2 Gg; c) 4 Gg; d) 5 Gg; e) 6 Gg; f) 8 Gg. Schneide 3,2 mm; 8,4 mm; 6 mm; 0,25 mm; 12,5 mm; 1,75 mm; $6\frac{3}{4}$ mm Steig. (Statt 3,2 setze $3\frac{1}{5} = \frac{16}{5}$; statt 8,4 setze $8\frac{2}{5} = \frac{42}{5}$ usf.) (42 Aufgaben!).

C. Die Leitspindel hat Millimetersteigung.

25. Das Arbeitsstück soll Millimetersteigung erhalten. Umrechnungen sind nicht nötig.

15. Aufgabe: Leitsp. 6 mm. Schneide 0,8 mm.

Lösung: a) Drsp. 0,8 mm Steig; Leitsp. 6 mm Steig.

b) $\text{Stv} = 0{,}8 : 6 = 8 : 60 = 2 : 15 = \frac{2}{15}$; $\text{Rv} = \frac{2}{15}$.

c) $\frac{2}{15} = \frac{1 \cdot 2}{3 \cdot 5} = \frac{20 \cdot 60}{90 \cdot 100}$.

Probe: $\frac{20 \cdot 60}{90 \cdot 100} = \frac{1 \cdot 2}{3 \cdot 5} = \frac{2}{15}$.

$\text{DR} : \text{LR} = \text{Dst} : \text{Lst}$;
$2 : 15 = \;? : 6$;

$\frac{2 \cdot 6}{15} = \frac{2 \cdot 2}{5} = \frac{4}{5} = 0{,}8$ mm Steig.

16. Aufgabe: Leitsp. 10 mm. Schneide 6 mm.

Lösung: a) Drsp. 6 mm Steig; Leitsp. 10 mm Steig.

b) $\text{Stv} = 6 : 10 = \frac{6}{10} = \frac{3}{5}$; $\text{Rv} = \frac{3}{5}$.

c) $\frac{3}{5} = \frac{60}{100}$; oder $\frac{1 \cdot 3}{1 \cdot 5} = \frac{20 \cdot 120}{40 \cdot 100} = \frac{120 \cdot 20}{40 \cdot 100}$.

Probe: $\frac{120 \cdot 20}{40 \cdot 100} = \frac{3 \cdot 1}{1 \cdot 5} = \frac{3}{5}$.

$\text{DR} : \text{LR} = \text{Dst} : \text{Lst}$;
$3 : 5 = \;? : 10$;

$\frac{3 \cdot 10}{5} = \frac{3 \cdot 2}{1} = 6$ mm Steig.

17. Aufgabe: Leitspindel a) 10 mm; b) 8 mm; c) 6 mm; d) 5 mm; e) 4 mm Steig. Schneide 0,5 mm; 2,4 mm; 12,5 mm; 4,8 mm; 1,2 mm; 18 mm Steig. (30 Aufgaben!)

26. Das Arbeitsstück soll Gangsteigung erhalten. Die Millimetersteigung der Leitspindel ist auf Gang umzurechnen. 10 mm Leitspindelsteigung heißt: 1 Gang

= 10 mm. Dann stecken in 25,4 mm so viel Gänge, wie 10 in 25,4 enthalten ist; oder $25{,}4 : 10 = \frac{25{,}4}{10} = \frac{254}{100} = \frac{127}{50}$.

Steig in mm	1	2	3	4	5	6	8	10
Gg auf 1″	$\frac{127}{5}$	$\frac{127}{10}$	$\frac{127}{15}$	$\frac{127}{20}$	$\frac{127}{25}$	$\frac{127}{30}$	$\frac{127}{40}$	$\frac{127}{50}$

18. Aufgabe: Leitsp. 10 mm Steig. Schneide 12,5 Gg.

Lösung: a) Drsp. 12,5 Gg; Leitsp. $\frac{127}{50}$ Gg.

b) $Gv = \frac{25}{2} : \frac{127}{50} = \frac{25 \cdot 50}{2 \cdot 127} = \frac{25 \cdot 25}{1 \cdot 127} = \frac{625}{127}$; $Rv = \frac{127}{625}$.

c) $\frac{127}{625} = \frac{1 \cdot 127}{5 \cdot 125} = \frac{20 \cdot 127}{100 \cdot 125} = \frac{127 \cdot 20}{100 \cdot 125}$.

Probe: $\frac{127 \cdot 20}{100 \cdot 125} = \frac{127 \cdot 1}{5 \cdot 125} = \frac{127}{625}$.

DR : LR = LG : DG;

$127 : 625 = \frac{127}{50} : \ ?$;

$\frac{625 \cdot 127}{50 \cdot 127} = \frac{25}{2} = 12\frac{1}{2}$ Gg.

19. Aufgabe: Leitsp. 6 mm Steig. Schneide 24 Gg.

Lösung: a) Drsp. 24 Gg; Leitsp. $\frac{127}{30}$ Gg.

b) $Gv = 24 : \frac{127}{30} = \frac{24 \cdot 30}{127} = \frac{720}{127}$; $Rv = \frac{127}{720}$.

c) $\frac{127}{720} = \frac{1 \cdot 1 \cdot 127}{1 \cdot 6 \cdot 120} = \frac{20 \cdot 20 \cdot 127}{30 \cdot 80 \cdot 120} = \frac{127 \cdot 20 \cdot 20}{30 \cdot 80 \cdot 120}$.

Probe: $\frac{127 \cdot 20 \cdot 20}{30 \cdot 80 \cdot 120} = \frac{127 \cdot 1 \cdot 1}{30 \cdot 8 \cdot 3} = \frac{127}{720}$.

DR : LR = LG : DG;

$127 : 720 = \frac{127}{30} : \ ?$;

$\frac{127 \cdot 720}{30 \cdot 127} = \frac{1 \cdot 24}{1 \cdot 1} = 24$ Gg.

20. Aufgabe: Leitspindeln wie 17. Aufgabe.
Schneide 6 Gg; 10 Gg; $4\frac{1}{2}$ Gg; $16\frac{1}{2}$ Gg; $3\frac{3}{4}$ Gg; 9 Gg (30 Aufgaben!).

27. Das Arbeitsstück soll Zollsteigung erhalten. Die Millimetersteigung der Leitspindel ist in Zollsteigung umzurechnen. 10 mm = $\frac{127}{50}$ Gg (Abschn. 26). Nach Abschn. 23 verwandelt man Gang in Zollsteigung durch Umdrehen des Bruches, also 10 mm Steig = $\frac{50}{127}$″ Steig.

Steig in mm	1	2	3	4	5	6	8	10
Steig in Zoll	$\frac{5}{127}$	$\frac{10}{127}$	$\frac{15}{127}$	$\frac{20}{127}$	$\frac{25}{127}$	$\frac{30}{127}$	$\frac{40}{127}$	$\frac{50}{127}$

21. Aufgabe: Leitsp. 4 mm. Schneide $\frac{1}{16}$″ Steig.

Lösung: a) Drsp. $\frac{1}{16}$″ Steig; Leitsp. $\frac{20}{127}$″ Steig.

b) $Stv = \frac{1}{16} : \frac{20}{127} = \frac{1 \cdot 127}{16 \cdot 20} = \frac{127}{320}$; $Rv = \frac{127}{320}$.

c) $\frac{127}{320} = \frac{1 \cdot 127}{4 \cdot 80} = \frac{25 \cdot 127}{100 \cdot 80} = \frac{127 \cdot 25}{80 \cdot 100}$.

Probe: $\frac{127 \cdot 25}{80 \cdot 100} = \frac{127 \cdot 1}{80 \cdot 4} = \frac{127}{320}$.

DR : LR = Dst : Lst;

$127 : 320 = \ ? : \frac{20}{127}$;

$\frac{20 \cdot 127}{127 \cdot 320} = \frac{1 \cdot 1}{1 \cdot 16} = \frac{1}{16}$″ Steig.

22. Aufgabe: Leitsp. 6 mm; Schneide $\frac{8}{9}$″ Steig.

Lösung: a) Drsp. $\frac{8}{9}$″ Steig; Leitsp. $\frac{30}{127}$″ Steig.

b) $Stv = \frac{8}{9} : \frac{30}{127} = \frac{8 \cdot 127}{9 \cdot 30} = \frac{4 \cdot 127}{9 \cdot 15} = \frac{508}{135}$; $Rv = \frac{508}{135}$.

c) $\frac{508}{135} = \frac{4 \cdot 127}{9 \cdot 15} = \frac{100 \cdot 127}{45 \cdot 75} = \frac{127 \cdot 100}{45 \cdot 75}$.

Probe: $\frac{127 \cdot 100}{45 \cdot 75} = \frac{127 \cdot 4}{9 \cdot 15} = \frac{508}{135}$.

DR : LR = Dst : Lst;

$508 : 135 = \ ? : \frac{30}{127}$;

$\frac{30 \cdot 508}{127 \cdot 135} = \frac{2 \cdot 4}{1 \cdot 9} = \frac{8}{9}$″ Steig.

23. Aufgabe: Leitspindeln wie in Aufgabe 17.
Schneide $\frac{1}{32}$″ Steig; $\frac{1}{20}$″ Steig; $\frac{2}{3}$″ Steig; $\frac{5}{32}$″ Steig; $\frac{1}{14}$″ Steig; $\frac{5}{8}$″ Steig.

D. Wechselräder für Modulgewinde.

28. Modulgewinde wird für Schnecken verwendet, die mit Zahnrädern (Schneckenrädern) zusammenarbeiten sollen, denn in diesem Falle muß natürlich die Steigung der Schnecke gleich der Teilung des zugehörigen Zahnrades sein.

Nach Abschn. 19 ist bei einem Zahnrade die Zahnteilung = Modul $\times \pi$ (mm) und $\pi = 3{,}1416$. Meistens rechnet man mit $\pi = 3{,}14$ oder setzt $\pi = \frac{22}{7}$ (22:7 = 3,1428). Bei Umrechnungen von Zoll in mm (1″ = 25,4 mm) ist ein brauchbarer Wert π mm = $\frac{12}{97}''$ (= 3,1422 mm), oder ganz genau π mm = $\frac{200}{1617}''$ (= 3,1416 mm).

Merke: 1 Modul = 3,1416 mm oder 3,14 mm oder $\frac{22}{7}$ mm oder $\frac{12}{97}''$ oder $\frac{200}{1617}''$.

2 Modul sind demnach das Doppelte, also $3{,}14 \cdot 2 = 6{,}28$ mm; $\frac{22 \cdot 2}{7} = \frac{44}{7}$ mm; $\frac{12 \cdot 2}{97} = \frac{24}{97}''$; $1\frac{3}{4}$ Modul sind $\frac{7}{4} \cdot 1$ Modul, also $\frac{3{,}14 \cdot 7}{4} = \frac{1{,}57 \cdot 7}{2} = 10{,}99:2 = 5{,}495$ mm; oder $\frac{22 \cdot 7}{7 \cdot 4} = \frac{11 \cdot 1}{1 \cdot 2} = \frac{11}{2} = 5{,}5$ mm; oder $\frac{12 \cdot 7}{97 \cdot 4} = \frac{3 \cdot 7}{97 \cdot 1} = \frac{21}{97}''$ usf.

24. Aufgabe: Rechne um in mm: 4; $\frac{1}{2}$; $\frac{3}{4}$; $2\frac{1}{2}$; $3\frac{1}{2}$; 5; 9 Modul.

25. Aufgabe: Rechne um in Zoll: $1\frac{1}{4}$; 2; 4; 8; $4\frac{1}{2}$; $6\frac{1}{2}$; 5 Modul.

Das Berechnen der Wechselräder bietet keine Schwierigkeiten.

29. Die Leitspindel hat Gangsteigung. Es gibt zwei Möglichkeiten.

a) Mit 97er Rad (1 Modul = $\frac{12}{97}''$).

26. Aufgabe: Leitsp. 4 Gg; Schneide $2\frac{3}{4}$ Modul.

Lösung: a) Drsp. $\frac{11 \cdot 12}{4 \cdot 97} = \frac{33}{97}''$ Steig; Leitsp. $\frac{1}{4}''$ Steig.

b) Stv $= \frac{33}{97} : \frac{1}{4} = \frac{33 \cdot 4}{97 \cdot 1} = \frac{132}{97}$; Rv $= \frac{132}{97}$.

c) $\frac{132}{97} = \frac{11 \cdot 12}{1 \cdot 97} = \frac{55 \cdot 120}{50 \cdot 97} = \frac{120 \cdot 55}{50 \cdot 97}$.

Probe: $\frac{120 \cdot 55}{50 \cdot 97} = \frac{12 \cdot 11}{1 \cdot 97} = \frac{132}{97}$.

DR : LR = Dst : Lst
132 : 97 = ? : $\frac{1}{4}$; $\frac{1 \cdot 132}{4 \cdot 97} = \frac{33}{97}''$ Steig.

27. Aufgabe: Leitsp. 6 Gg; Schneide 4 Modul.

Lösung: a) Drsp. $\frac{48}{97}''$ Steig; Leitsp. $\frac{1}{6}''$ Steig.

b) Stv $= \frac{48}{97} : \frac{1}{6} = \frac{48 \cdot 6}{97 \cdot 1} = \frac{288}{97}$; Rv $= \frac{288}{97}$.

c) $\frac{288}{97} = \frac{12 \cdot 24}{1 \cdot 97} = \frac{60 \cdot 120}{25 \cdot 97} = \frac{120 \cdot 60}{25 \cdot 97}$.

Probe: $\frac{120 \cdot 60}{25 \cdot 97} = \frac{24 \cdot 12}{1 \cdot 97} = \frac{288}{97}$.

DR : LR = Dst : Lst
288 : 97 = ? : $\frac{1}{6}$; $\frac{1 \cdot 288}{6 \cdot 97} = \frac{48}{97}''$ Steig.

28. Aufgabe: Leitsp. a) 2 Gg; b) 4 Gg; c) 6 Gg; d) 8 Gg; e) 1 Gg; f) 5 Gg.
Schneide 3; 6; 15; 3,25; $2\frac{3}{4}$; 4; 2; $1\frac{1}{2}$; $3\frac{3}{4}$ Modul.

Ist ein 97er Rad nicht vorhanden, so muß mit Näherungswerten gerechnet werden (S. 44, Aufgabe 61).

b) Mit 33, 66, 77, 49, 98er Rad (1 Modul = $\frac{200}{1617}$ Zoll).

$\frac{200}{1617}$ läßt sich in $\frac{8 \cdot 25}{33 \cdot 49}$ oder in $\frac{8 \cdot 25}{21 \cdot 77}$ oder in $\frac{10 \cdot 20}{33 \cdot 49}$ usw. zerlegen.

29. Aufgabe: Leitsp. 4 Gg. Eine Schnecke soll $1\frac{1}{2}$ Modul Steig. erhalten.

Lösung: a) Drsp. $1\frac{1}{2}$ Modul $= \frac{3}{2} \cdot \frac{200}{1617} = \frac{3 \cdot 200}{2 \cdot 1617} = \frac{1 \cdot 100}{1 \cdot 539} = \frac{100}{539}''$ Steig; Leitsp. $\frac{1}{4}''$ Steig.

b) Stv $= \frac{100}{539} : \frac{1}{4} = \frac{100 \cdot 4}{539 \cdot 1} = \frac{400}{539}$; Rv $= \frac{400}{539}$. c) $\frac{400}{539} = \frac{4 \cdot 100}{11 \cdot 49} = \frac{40 \cdot 100}{110 \cdot 49} = \frac{100 \cdot 40}{49 \cdot 110}$.

Probe: $\frac{100 \cdot 40}{49 \cdot 110} = \frac{100 \cdot 4}{49 \cdot 11} = \frac{400}{539}$; DR : LR = Dst : Lst
400 : 539 = ? : $\frac{1}{4}$; $\frac{1 \cdot 400}{4 \cdot 539} = \frac{100}{539}''$ Steig.

30. Aufgabe: Leitspindeln siehe 28. Aufgabe.
Schneide 2; $7\frac{1}{2}$; 4; 8; 1; $3\frac{1}{2}$; $2\frac{1}{4}$; 5 Modul.

30. Die Leitspindel hat Millimetersteigung.

a) Mit 157er Rad (1 Modul = 3,14).

31. Aufgabe: Leitsp. 10 mm. Schneide 8 Modul.

Lösung: a) Drsp. $8 \cdot 3{,}14 = 25{,}12$ mm; Leitsp. 10 mm.

b) $Stv = 25{,}12 : 10 = 2512 : 1000 = \frac{2512}{1000} = \frac{314}{125}$; $Rv = \frac{314}{125}$.

c) $\frac{314}{125} = \frac{2 \cdot 157}{1 \cdot 125} = \frac{40 \cdot 157}{20 \cdot 125} = \frac{157 \cdot 40}{20 \cdot 125}$.

Probe: $\frac{157 \cdot 40}{20 \cdot 125} = \frac{157 \cdot 2}{1 \cdot 125} = \frac{314}{125}$.

$DR : LR = Dst : Lst$;
$314 : 125 = \;?\; : 10$;

$\frac{314 \cdot 10}{125} = \frac{314 \cdot 2}{25} = \frac{628}{25} = 25{,}12$ mm.

b) Ohne Sonderrad (1 Modul $\frac{22}{7}$).

32. Aufgabe: Leitsp. 4 mm. Schneide $2\frac{1}{4}$ Modul.

Lösung: a) Drsp. $\frac{9}{4} \cdot \frac{22}{7} = \frac{9 \cdot 22}{4 \cdot 7} = \frac{9 \cdot 11}{2 \cdot 7} = \frac{99}{14}$ mm Steig; Leitsp. 4 mm Steig.

b) $Stv = \frac{99}{14} : 4 = \frac{99}{14 \cdot 4} = \frac{99}{56}$; $Rv = \frac{99}{56}$.

c) $\frac{99}{56} = \frac{9 \cdot 11}{7 \cdot 8} = \frac{90 \cdot 110}{70 \cdot 80} = \frac{110 \cdot 90}{70 \cdot 80}$.

Probe: $\frac{110 \cdot 90}{70 \cdot 80} = \frac{11 \cdot 9}{7 \cdot 8} = \frac{99}{56}$.

$DR : LR = Dst : Lst$;
$99 : 56 = \;?\; : 4$;

$\frac{99 \cdot 4}{56} = \frac{99 \cdot 1}{14} = \frac{99}{14}$ mm.

33. Aufgabe: Die Leitspindel hat 24 mm; 10 mm; 12 mm; 6 mm; 5 mm; 4 mm Steig. Schneide 2,25; 4; $3\frac{1}{2}$; 5; $\frac{3}{4}$; 1,25; 6; 12; 15; 10 Modul. Benutze das 157er Rad! (1 Modul also 3,14 mm.) 60 Aufgaben!

34. Aufgabe: Benutze die Angaben der 33. Aufgabe. Rechne aber ohne Sonderrad! (1 Modul also $\frac{22}{7}$ mm.)

31. Modulsteigungen in höchster Genauigkeit. Einige Beispiele für Modulsteigungen von höchster Genauigkeit mögen folgen! Der Fehler soll weniger als $\frac{1}{5000}$ betragen. Sonderräder und 6 Wechselräder dürfen nötigenfalls verwendet werden. Der Näherungswert für π ist der nachstehenden Übersicht zu entnehmen. (Beachte: $\frac{1}{10\,000}$ ist weniger als $\frac{1}{2000}$.)

Näherungswerte für π (3,141593 genauer Wert).

Näherungswert	Fehler	Sonderräder	Näherungswert	Fehler	Sonderräder	Näherungswert	Fehler	Sonderräder
a) $\frac{22}{7}$	$+\frac{1}{2600}$	—	e) $\frac{32 \cdot 27}{25 \cdot 11}$	$+\frac{1}{15\,000}$	—	i) $\frac{13 \cdot 29}{4 \cdot 30}$	$+\frac{1}{45\,000}$	145; 29
b) $\frac{7 \cdot 35}{6 \cdot 13}$	$-\frac{1}{6000}$	—	f) $\frac{19 \cdot 21}{127}$	$+\frac{1}{23\,000}$	127	k) $\frac{5 \cdot 71}{113}$	$+\frac{1}{1\,600\,000}$	71; 113
c) $\frac{5 \cdot 49}{6 \cdot 13}$	$-\frac{1}{6000}$	—	g) $\frac{19 \cdot 125}{6 \cdot 126}$	$-\frac{1}{55\,000}$	—	l) $\frac{40 \cdot 127}{33 \cdot 49}$	$+\frac{1}{100\,000}$	49; 127
d) $\frac{19 \cdot 127}{96 \cdot 8}$	$+\frac{1}{10\,000}$	127	h) $\frac{8 \cdot 97}{13 \cdot 19}$	$+\frac{1}{32\,000}$	97	m) $\frac{3 \cdot 89}{85}$	$-\frac{1}{8000}$	89

35. Aufgabe: Leitsp. 10 mm; Schneide 2 Modul.

Lösung: a) Drsp. 2π mm; Leitsp. 10 mm.

b) $Stv = \frac{2\pi}{10} = \frac{\pi}{5}$; $Rv = \frac{\pi}{5}$. Für π den Wert $\frac{7 \cdot 35}{6 \cdot 13}$ einsetzen (siehe Tabelle unter b); also

$Rv = \frac{7 \cdot 35}{6 \cdot 13 \cdot 5} = \frac{7 \cdot 7}{6 \cdot 13} = \frac{49}{78}$.

c) $\frac{49}{78} = \frac{7 \cdot 7}{6 \cdot 13} = \frac{105 \cdot 35}{90 \cdot 65} = \frac{105 \cdot 35}{65 \cdot 90}$.

Probe: $\frac{105 \cdot 35}{65 \cdot 90} = \frac{7 \cdot 7}{13 \cdot 6} = \frac{49}{78}$.

$DR : LR = Dst : Lst$;
$49 : 78 = \;?\; : 10$;

$\frac{49 \cdot 10}{78} = 490 : 78 = 6{,}2820$.

2 Modul $= 2 \cdot 3{,}141593 = 6{,}283186$ mm.
Unterschied rund $-\frac{1}{6000}$.

36. Aufgabe: Leitsp. 2 Gg. Schneide 4 Modul.

Lösung: a) Drsp. $4 \cdot \pi$ mm; Leitsp. $\frac{127}{10}$ mm.

b) $Stv = 4\pi : \frac{127}{10} = \frac{4\pi \cdot 10}{127} = \frac{40\pi}{127}$;

$Rv = \frac{40\pi}{127}$. Für π setze $\frac{19 \cdot 127}{96 \cdot 8}$ (Tabelle unter d) ein; also

$Rv = \frac{40 \cdot 19 \cdot 127}{96 \cdot 8 \cdot 127} = \frac{5 \cdot 19}{96} = \frac{95}{96}$.

c) $\frac{95}{96} = \frac{5 \cdot 19}{8 \cdot 12} = \frac{50 \cdot 95}{80 \cdot 60} = \frac{95 \cdot 50}{60 \cdot 80}$.

Probe: $\frac{95 \cdot 50}{60 \cdot 80} = \frac{19 \cdot 5}{12 \cdot 8} = \frac{95}{96}$.

DR : LR = Dst : Lst;

95 : 96 = ? : $\frac{127}{10}$;

$\frac{95 \cdot 127}{96 \cdot 10} = \frac{19 \cdot 127}{96 \cdot 2} = \frac{2413}{192}$.

2413 : 192 = 12,5677 mm.

4 Modul = 12,5664 mm.

Unterschied = $+\frac{1}{10\,000}$.

37. Aufgabe: Leitsp. 6 mm; Schneide $1\frac{1}{2}$ Modul mit höchster Genauigkeit.

Lösung: a) Drsp. $\frac{3\pi}{2}$ mm; Leitsp. 6 mm.

b) $Stv = \frac{3\pi}{2} : 6 = \frac{3\pi}{2 \cdot 6} = \frac{\pi}{4}$; $Rv = \frac{\pi}{4}$.

Für π den Wert $\frac{5 \cdot 71}{113}$ einsetzen; also

$Rv = \frac{5 \cdot 71}{4 \cdot 113} = \frac{355}{452}$.

c) $\frac{355}{452} = \frac{5 \cdot 71}{4 \cdot 113} = \frac{50 \cdot 71}{40 \cdot 113} = \frac{71 \cdot 50}{40 \cdot 113}$.

Probe: $\frac{71 \cdot 50}{40 \cdot 113} = \frac{71 \cdot 5}{4 \cdot 113} = \frac{355}{452}$ usf.

Genauigkeit $+\frac{1}{1\,600\,000}$!

38. Aufgabe: Leitsp. 4 Gg; Schneide $2\frac{1}{2}$ Modul. Genauigkeit soll $\frac{1}{10\,000}$ betragen.

Lösung: a) Drsp. $\frac{5 \cdot \pi}{2}$ mm; Leitsp. $\frac{127}{20}$ mm.

b) $Stv = \frac{5\pi \cdot 20}{2 \cdot 127} = \frac{50\pi}{127}$. $Rv = \frac{50\pi}{127}$.

Für π den Wert $\frac{19 \cdot 127}{96 \cdot 8}$ einsetzen. Also

$Rv = \frac{50 \cdot 19 \cdot 127}{127 \cdot 96 \cdot 8} = \frac{25 \cdot 19 \cdot 1}{1 \cdot 48 \cdot 8} = \frac{25 \cdot 19}{24 \cdot 16} = \frac{475}{384}$.

c) $\frac{475}{384} = \frac{25 \cdot 19}{16 \cdot 24} = \frac{125 \cdot 95}{80 \cdot 120}$.

Probe: $\frac{125 \cdot 95}{80 \cdot 120} = \frac{25 \cdot 19}{16 \cdot 24} = \frac{475}{384}$ usf.

Genauigkeit $+\frac{1}{10\,000}$.

E. Drehbänke mit innerer Übersetzung.

32. **Hebeleinstellung** (z. B. Nortongetriebe). Die neueren und neuesten Drehbänke sind so gebaut, daß durch Einschaltung von Übersetzungen, die im Spindelkasten untergebracht sind, ein Austausch von Wechselrädern möglichst vermieden wird. Ganz ohne Wechselräder kommt man aber auch nicht aus. Die Berücksichtigung einer derartigen inneren Übersetzung sei zunächst grundsätzlich erörtert und dann an praktischen Aufgaben gezeigt.

Beispiel: Auf 4 Gg Leitsp. sollen 45 Gg geschnitten werden. Innere Räder 1 : 2 (als Übersetzungsverhältnis ausgedrückt 2 : 1, vgl. Fußnote S. 21).

Lösung: a) Drsp. 45 Gg; Leitsp. 4 Gg; b) $Gv = 45 : 4 = \frac{45}{4}$; $Rv = \frac{4}{45}$.

Dadurch, daß nichtauswechselbare Räder (im Zähnezahlverhältnis 1 : 2) vorangehen, wird unser ausgerechnetes Rv im Wert verändert; denn $\frac{1 \cdot 4}{2 \cdot 45}$ ist falsche Erweiterung, da Zähler und Nenner nicht mit derselben Zahl malgenommen wurden. Die Wertveränderung machen wir dadurch wieder gut, daß wir das innere Räderverhältnis umgekehrt noch einmal dazu schreiben, also $\frac{1 \cdot 4 \cdot 2}{2 \cdot 45 \cdot 1}$. Jetzt sind Zähler und Nenner gleichmäßig erweitert. Nun wird in üblicher Weise weiter gerechnet, zerlegt und auf passende Räder erweitert. An den Zahlen des inneren Räderverhältnisses darf jedoch nichts geändert werden.

Um das anzudeuten, trennen wir es durch einen senkrechten Strich ab. (Im vorstehenden Beispiel $\frac{1}{2}\Big|$—.)

$$\text{Also } \frac{1}{2}\Big|\frac{4\cdot 2}{45\cdot 1}=\frac{1}{2}\Big|\frac{8}{45}=\frac{1}{2}\Big|\frac{2\cdot 4}{5\cdot 9}=\frac{1}{2}\Big|\frac{50\cdot 40}{125\cdot 90}=\frac{1}{2}\Big|\frac{50\cdot 40}{90\cdot 125}.$$

Probe: Hier sind sämtliche an der Übersetzung beteiligten Räder aufzuführen, zu kürzen und zusammenzufassen, einschl. der Räder der inneren Übersetzung.

$$\text{Also } \frac{1\cdot 50\cdot 40}{2\cdot 90\cdot 125}=\frac{1\cdot 1\cdot 4}{1\cdot 9\cdot 5}=\tfrac{4}{45} \text{ usw.}$$

Merke: Das Rv ist durch Hinzufügen des umgekehrten inneren Räderverhältnisses zu berichtigen; auch bei der Probe darf dies nicht vergessen werden.

39. Aufgabe: Leitsp. 2 Gg. Schneide 51 Gg. Innere Räder 2 : 3.

Lösung: a) Drsp. 51 Gg; Leitsp. 2 Gg.

b) $Gv = 51 : 2 = \frac{51}{2}$; $Rv = \frac{2}{51}$; berichtigt

$$\frac{2}{3}\Big|\frac{2\cdot 3}{51\cdot 2}=\frac{2}{3}\Big|\frac{1\cdot 1}{17\cdot 1}=\frac{2}{3}\Big|\frac{1}{17}.$$

c) $\frac{2}{3}\Big|\frac{1\cdot 1}{1\cdot 17}=\frac{2}{3}\Big|\frac{20\cdot 30}{85\cdot 120}.$

$$\text{Probe: } \frac{2\cdot 20\cdot 30}{3\cdot 85\cdot 120}=\frac{2\cdot 1\cdot 1}{3\cdot 17\cdot 1}=\tfrac{2}{51}.$$

$$DR : LR = LG : DG;\quad 2 : 51 = 2 : ?;$$

$$\frac{51\cdot 2}{2}=\frac{51\cdot 1}{1}=51 \text{ Gg.}$$

40. Aufgabe: Leitsp. 6 mm. Schneide 4,5 mm. Innere Räder 1 : 2.

Lösung: a) Drsp. $\frac{45}{10}=\frac{9}{2}$ mm Steig; Leitsp. 6 mm Steig.

b) $Stv=\frac{9}{2}:6=\frac{9}{2\cdot 6}=\frac{3}{2\cdot 2}=\frac{3}{4}$; $Rv=\frac{3}{4}$.

c) $\frac{1}{2}\Big|\frac{3\cdot 2}{4\cdot 1}=\frac{1}{2}\Big|\frac{90\cdot 60}{120\cdot 30}=\frac{1}{2}\Big|\frac{90\cdot 60}{30\cdot 120}.$

$$\text{Probe: } \frac{1\cdot 90\cdot 60}{2\cdot 30\cdot 120}=\frac{1\cdot 3\cdot 1}{1\cdot 1\cdot 4}=\tfrac{3}{4}.$$

$$DR : LR = Dst : Lst;\quad 3 : 4 = ? : 6;$$

$$\frac{3\cdot 6}{4}=\frac{3\cdot 3}{2}=\tfrac{9}{2}=4\tfrac{1}{2} \text{ mm Steig.}$$

41. Aufgabe: Leitsp. 4 Gg. Schneide 1,2 mm Steig. Innere Räder 2 : 5.

Lösung: a) Drsp. $1\frac{1}{5}$ mm Steig; Leitsp. $\frac{127}{20}$ mm Steig.

b) $Stv=\frac{6}{5}:\frac{127}{20}=\frac{6\cdot 20}{5\cdot 127}=\frac{6\cdot 4}{1\cdot 127}=\frac{24}{127}.$
$Rv=\frac{24}{127}.$

c) $\frac{2}{5}\Big|\frac{24\cdot 5}{127\cdot 2}=\frac{2}{5}\Big|\frac{12\cdot 5}{127\cdot 1}=\frac{2}{5}\Big|\frac{120\cdot 25}{127\cdot 50}=\frac{2}{5}\Big|\frac{120\cdot 25}{50\cdot 127}.$

$$\text{Probe: } \frac{2\cdot 120\cdot 25}{5\cdot 50\cdot 127}=\frac{2\cdot 12\cdot 1}{1\cdot 1\cdot 127}=\tfrac{24}{127}.$$

$$DR : LR = Dst : Lst;\quad 24 : 127 = ? : \tfrac{127}{20};$$

$$\frac{127\cdot 24}{20\cdot 127}=\frac{1\cdot 6}{5\cdot 1}=\tfrac{6}{5} \text{ mm Steig.}$$

42. Aufgabe: Leitsp. 2 Gg. Schneide 4 Modul (1 Modul $\frac{12}{97}''$). Innere Räder 1 : 2.

Lösung: a) Drsp. $4\cdot\frac{12}{97}=\frac{48}{97}''$; Leitsp. $=\frac{1}{2}''$

b) $Stv=\frac{48}{97}:\frac{1}{2}=\frac{48\cdot 2}{97\cdot 1}=\frac{96}{97}$; $Rv=\frac{96}{97}.$

c) $\frac{1}{2}\Big|\frac{96\cdot 2}{97\cdot 1}=\frac{1}{2}\Big|\frac{24\cdot 8}{97\cdot 1}=\frac{1}{2}\Big|\frac{120\cdot 40}{25\cdot 97}.$

$$\text{Probe: } \frac{1\cdot 120\cdot 40}{2\cdot 25\cdot 97}=\frac{1\cdot 24\cdot 4}{1\cdot 1\cdot 97}=\tfrac{96}{97}.$$

$$DR : LR = Dst : Lst;\quad 96 : 97 = ? : \tfrac{1}{2};$$

$$\frac{1\cdot 96}{2\cdot 97}=\tfrac{48}{97}'' \text{ Steig.}$$

43. Aufgabe: Wähle aus den früheren Aufgaben einige aus und setze ein inneres Räderverhältnis (1 : 2; 1 : 3; 1 : 4; 2 : 1; 2 : 3; 2 : 5) hinzu.

Sind die innern Übersetzungen einer Drehbank nicht bekannt, so kann man sie errechnen, oder man läßt sie sich von der Herstellfirma mitteilen. Die beschränkte Anzahl der Wechselräder macht eine sorgfältige Auswahl des innern Räderverhältnisses notwendig.

44. Aufgabe: Leitsp. 10 mm. Schneide $6\frac{1}{4}$ mm. Rädersatz: 25, 34, 40, 50, 55, 60, 65, 70, 75, 80, 90, 95, 100, 120, 125, 127. Innere Räderverhältnisse durch Hebeleinstellung:

A					B					C				
1	2	3	4	5	1	2	3	4	5	1	2	3	4	5
3 : 2	7 : 6	1 : 1	5 : 6	2 : 3	3 : 4	7 : 12	1 : 2	5 : 12	1 : 3	3 : 8	7 : 24	1 : 4	5 : 24	1 : 6

Lösung: a) Drsp. $6\frac{1}{4}$ mm Steig; Leitsp. 10 mm Steig. b) $Stv = \frac{25}{4} : 10 = \frac{25}{4 \cdot 10} = \frac{5}{8}$. c) $Rv = \frac{5}{8}$. Aus den angegebenen Schaltungen wähle ich eine geeignete aus, etwa A 3, das ist 1 : 1 oder B 3, das ist 1 : 2 usw.

Wir nehmen B 3. Also $\frac{1}{2}\Big|\frac{5 \cdot 2}{8 \cdot 1} = \frac{1}{2}\Big|\frac{5 \cdot 1}{4 \cdot 1} = \frac{1}{2}\Big|\frac{100 \cdot 60}{40 \cdot 120}$.

Probe: $\frac{1 \cdot 100 \cdot 60}{2 \cdot 40 \cdot 120} = \frac{1 \cdot 5 \cdot 1}{2 \cdot 2 \cdot 2} = \frac{5}{8}$; $\begin{matrix} DR : LR = Dst : Lst \\ 5 : 8 = \ ? \ : 10 \end{matrix}$; $\frac{5 \cdot 10}{8} = 6\frac{1}{4}$ mm Steig.

45. Aufgabe: Leitsp. 6 mm. Schneide 9,9 mm. Die 13 Hebeleinstellungen ermöglichen folgende Schaltungen:

1	2	3	4	5	6	7	8	9	10	11	12	13
$\frac{1}{1}$	$\frac{17}{16}$	$\frac{9}{8}$	$\frac{19}{16}$	$\frac{5}{4}$	$\frac{21}{16}$	$\frac{11}{8}$	$\frac{23}{16}$	$\frac{3}{2}$	$\frac{25}{16}$	$\frac{13}{8}$	$\frac{7}{4}$	$\frac{15}{8}$

Rädersatz: 21, 24, 32, 40, 60, 64, 71, 80, 80, 113, 120, 127.

Lösung: a) Drsp. 9,9 mm Steig; Leitsp. 6 mm Steig. b) $Stv = 9{,}9 : 6 = \frac{99}{60} = \frac{33}{20}$. c) $Rv = \frac{33}{20}$. Da die Erweiterung der 33 zu keinem vorhandenen Wechselrad führt, wähle ich eine Übersetzung, bei der die 33 durch Kürzung fortfällt, also die Schaltung 7, das ist 11 : 8. $\frac{11}{8}\Big|\frac{33 \cdot 8}{20 \cdot 11} = \frac{11}{8}\Big|\frac{3 \cdot 2}{5 \cdot 1} = \frac{11}{8}\Big|\frac{60 \cdot 64}{40 \cdot 80}$.

Probe: $\frac{11 \cdot 60 \cdot 64}{8 \cdot 40 \cdot 80} = \frac{11 \cdot 3 \cdot 1}{1 \cdot 1 \cdot 20} = \frac{33}{20}$; $\begin{matrix} DR : LR = Dst : Lst \\ 33 : 20 = \ ? \ : 6 \end{matrix}$; $\frac{33 \cdot 6}{20} = 9{,}9$ mm Steig.

33. Drehbänke für große Steigungen. Die Bauart mancher Drehbänke (z. B. Hinterdrehbänke) läßt Übersetzungen von 9 : 1; 12 : 1; 16 : 1 und andere zu. Daher können Steigungen von 20 Zoll und mehr geschnitten werden. Die Wechselräder werden wie bei den Drehbänken mit innerer Übersetzung berechnet (Abschnitt 32).

34. Plangewinde. Beim Schneiden von Plangewinde übernimmt die Planspindel die Rolle der Leitspindel. Dabei wird das Mutterschloß der Leitspindel geöffnet. Eine Gruppe von Kegel- und Stirnrädern überträgt die Umdrehungen auf die Planspindel (Abb. 3). Diese Räder lassen sich in treibende und getriebene ordnen. Dadurch ist es möglich, das innere Räderverhältnis

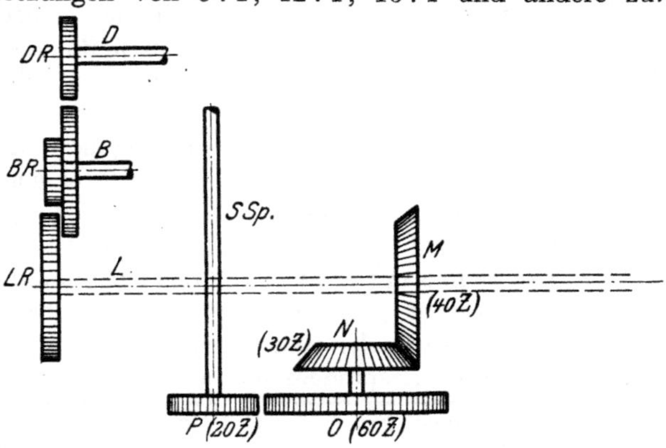

Abb. 3

festzustellen. Die Räder *M* und *O* sind treibende, *N* und *P* sind getriebene Räder. Also $\frac{40 \cdot 60}{30 \cdot 20} = \frac{2 \cdot 2}{1 \cdot 1} = \frac{4}{1}$ = inneres Räderverhältnis. Die Wechselräder berechnet man wie in Abschnitt 32.

46. Aufgabe: Eine Scheibe soll ein Plangewinde von $4\frac{1}{2}$ Gg auf 1″ erhalten. Planspindel 5 Gg; Räderverhältnis nach Abb. 3, also $\frac{4}{1}$.

Lösung: a) Drsp. $4\frac{1}{2}$ Gg; Plansp. 5 Gg.

b) $Gv = \frac{9}{2} : 5 = \frac{9}{2 \cdot 5} = \frac{9}{10}$; $Rv = \frac{10}{9}$.

c) $\frac{4}{1}\Big|\frac{10 \cdot 1}{9 \cdot 4} = \frac{4}{1}\Big|\frac{5 \cdot 1}{9 \cdot 2} = \frac{4}{1}\Big|\frac{50 \cdot 60}{90 \cdot 120}$.

Probe: $\frac{4 \cdot 50 \cdot 60}{1 \cdot 90 \cdot 120} = \frac{2 \cdot 5 \cdot 1}{1 \cdot 9 \cdot 1} = \frac{10}{9}$.

DR : LR = LG : DG
10 : 9 = 5 : ? ;

$\frac{9 \cdot 5}{10} = 4\frac{1}{2}$ Gg.

47. Aufgabe: Die Stirnseite einer Scheibe soll mit 1 mm Vorschub abgedreht werden. Planspindel 6 mm Steig. Innere Räder 4 : 1.

Lösung: a) Drsp. 1 mm Steig; Plansp. 6 mm Steig.

b) $Stv = 1 : 6 = \frac{1}{6}$; $Rv = \frac{1}{6}$.

c) $\frac{4}{1}\Big|\frac{1 \cdot 1}{6 \cdot 4} = \frac{4}{1}\Big|\frac{20 \cdot 25}{120 \cdot 100} = \frac{4}{1}\Big|\frac{20 \cdot 25}{100 \cdot 120}$.

Probe: $\frac{4 \cdot 20 \cdot 25}{1 \cdot 100 \cdot 120} = \frac{1 \cdot 1 \cdot 1}{1 \cdot 1 \cdot 6} = \frac{1}{6}$.

DR : LR = Dst : Lst
1 : 6 = ? : 6 ;

$\frac{1 \cdot 6}{6} = \frac{1}{1}$ = 1 mm Steig.

48. Aufgabe: Planspindel 5 Gg; 4 Gg; 6 Gg; 4 mm; 6 mm. Schneide Plangewinde von $3\frac{3}{4}$ Gg; 8 Gg; $12\frac{1}{2}$ Gg; 8 mm Steig; 4 mm Steig. Inneres Räderverhältnis 4 : 1; 2 : 1; 2 : 3. (75 Aufgaben!)

F. Zahlentabellen für Wechselräder.

Die Zahlentafeln 1 bis 13 beziehen sich auf einfache Drehbänke mit Leitspindeln von 4 Gang und von 6 mm Steigung. Soweit Näherungswerte benutzt wurden (Tabellen 3, 6, 8, 11), sind die für 4 Wechselräder bestmöglichen Werte gesucht worden. Die Tabellen geben die Ungenauigkeit an. + bedeutet mehr; — bedeutet weniger. Ist die Ungenauigkeit kleiner als $\frac{1}{5000}$ (auf 1 cm = $\frac{1}{500}$ mm), so kann der Näherungswert unbedenklich benutzt werden. Meistens ist ein Fehler von $\frac{1}{2000}$ schon ohne jede Bedeutung. Reicht bei manchen Gewinden (Leitspindeln, Meßinstrumenten) die in der Tabelle benutzte Genauigkeit nicht aus, so muß mit Sonderrädern oder mit 6 Rädern gearbeitet werden (Beispiel 8, S. 40). Die Tabellen 3, 6, 8 sind eigentlich überflüssig, da 127er und 97er Rad kaum noch als Sonderräder angesehen werden können. Die Rädersätze der Tabellen 7 und 9 bringen die Modulsteigung praktisch vollkommen. Fehler in Tabelle 7 = $\frac{1}{5000}$; in Tabelle 9 = $\frac{1}{10000}$. Die Ungenauigkeit in Tabelle 10 beträgt $\frac{1}{2600}$. Darum wurde Tabelle 11 hinzugefügt, die genaueste Werte bringt. Doch sind dann Sonderräder nicht ganz zu vermeiden.

Für Drehbänke mit anderen als obengenannten Leitspindeln sind die Tabellen ebenfalls zu benutzen. Es wird nur eine leichte Umrechnung nötig.

a) Umrechnung der Rädersätze aus den Tabellen 1, 2, 3, 7, 8 und 9 (4 Gg-Leitspindel) auf Leitspindeln mit anderen Gg-Zahlen.

Für Leitspindel von	1 Gg	2 Gg	3 Gg	5 Gg	6 Gg	8 Gg
Rädersatz malnehmen mit	$\frac{1}{4}$	$\frac{2}{4} = \frac{1}{2}$	$\frac{3}{4}$	$\frac{5}{4}$	$\frac{6}{4} = \frac{3}{2}$	$\frac{8}{4} = 2$

1. Beispiel: Mit 6 Gg Leitsp. sollen $4\frac{4}{7}$ Gg geschnitten werden.
Lösung: Die Tabelle 1 nennt für $4\frac{4}{7}$ Gang die Wechselräder 70, 40, 60, 120.

Dieser Rädersatz ist mit $\frac{3}{2}$ ($=\frac{6}{4}$; siehe oben!) malzunehmen; also $\frac{70\cdot 60\cdot 3}{40\cdot 120\cdot 2}=\frac{70\cdot 90}{40\cdot 120}$.
(Die 2 wurde gegen 60 gekürzt; 60 : 2 = 30; diese 30 mit 3 malgenommen = 90.)

Probe: $\frac{70\cdot 90}{40\cdot 120}=\frac{7\cdot 3}{4\cdot 4}=\frac{21}{16}$; $\begin{array}{l}\text{DR : LR = LG : DG}\\ 21 : 16 = 6 : ?\end{array}$; $\frac{6\cdot 16}{21}=\frac{2\cdot 16}{7}=\frac{32}{7}=4\frac{4}{7}$ Gg.

2. Beispiel: Auf 5 Gg Leitsp. sollen 1,2 mm Steig geschnitten werden.
Lösung: (Mit 127er Rad!) Die Tabelle 2 nennt für 1,2 mm Steig die Räder 45, 75, 40, 127; malzunehmen mit $\frac{5}{4}$; $\frac{45\cdot 40\cdot 5}{75\cdot 127\cdot 4}=\frac{45\cdot 40}{60\cdot 127}$ und andere Möglichkeiten.

Probe: $\frac{45\cdot 40}{60\cdot 127}=\frac{3\cdot 10}{1\cdot 127}=\frac{30}{127}$; $\begin{array}{l}\text{DR : LR = Dst : Lst}\\ 30 : 127 = ? : \frac{127}{25}\end{array}$; $\frac{127\cdot 30}{25\cdot 127}=\frac{6}{5}=1{,}2$ mm Steig.

3. Beispiel: Leitsp. 8 Gg; schneide 2 Modul. (1 Modul $=\frac{12}{97}$ Zoll; mit 97er Rad).
Lösung: Die Tabelle 7 nennt 90, 75, 80, 97. Nimm mit 2 ($=\frac{8}{4}$) mal! $\frac{90\cdot 80\cdot 2}{75\cdot 97}=\frac{60\cdot 80\cdot 2}{50\cdot 97}=\frac{120\cdot 90}{50\cdot 97}$.

Probe: $\frac{120\cdot 80}{50\cdot 97}=\frac{12\cdot 16}{1\cdot 97}=\frac{192}{97}$; $\begin{array}{l}\text{DR : LR = Dst : Lst}\\ 192 : 97 = ? : \frac{1}{8}\end{array}$; $\frac{1\cdot 192}{8\cdot 97}=\frac{24''}{97}$ Steig.

b) Umrechnung der Rädersätze aus den Tafeln 4, 5, 6, 10 und 11 (6 mm Leitspindel) auf Leitspindeln mit anderen Millimetersteigungen (4. Bsp. S. 39).

Für Leitspindel von mm Steig	3	4	8	10	12	24
Rädersatz malnehmen mit	$\frac{6}{3}=2$	$\frac{6}{4}=\frac{3}{2}$	$\frac{6}{8}=\frac{3}{4}$	$\frac{6}{10}=\frac{3}{5}$	$\frac{6}{12}=\frac{1}{2}$	$\frac{6}{24}=\frac{1}{4}$

Wechselrädertabelle 1.

Leitspindel 4 Gang; Arbeitsstück soll Gang- oder Zollsteigung erhalten.

Gänge auf 1 Zoll	Steigung in Zoll	Drsp.	B 1	B 2	Leitsp.	Gänge auf 1 Zoll	Steigung in Zoll	Drsp.	B 1	B 2	Leitsp.
$^{4}/_{11}$	$2^{3}/_{4}$	120	20	110	60	$3^{1}/_{5}$	$^{5}/_{16}$	75	30	60	120
$^{2}/_{5}$	$2^{1}/_{2}$	100	20	90	45	$3^{5}/_{9}$	$^{9}/_{32}$	90	30	45	120
$^{8}/_{19}$	$2^{3}/_{8}$	120	20	95	60	4	$^{1}/_{4}$	90	45	60	120
$^{4}/_{9}$	$2^{1}/_{4}$	120	20	90	60	$4^{4}/_{7}$	$^{7}/_{32}$	70	40	60	120
$^{8}/_{17}$	$2^{1}/_{8}$	120	20	85	60	5	$^{1}/_{5}$	80	50	60	120
$^{1}/_{2}$	2	120	30	100	50	$5^{1}/_{3}$	$^{3}/_{16}$	90	60	55	110
$^{4}/_{7}$	$1^{3}/_{4}$	120	20	70	60	$5^{1}/_{2}$	$^{2}/_{11}$	90	45	40	110
$^{8}/_{13}$	$1^{5}/_{8}$	120	20	65	60	6	$^{1}/_{6}$	80	60	55	110
$^{2}/_{3}$	$1^{1}/_{2}$	120	30	90	60	$6^{2}/_{5}$	$^{5}/_{32}$	75	60	55	110
$^{8}/_{11}$	$1^{3}/_{8}$	120	30	110	80	7	$^{1}/_{7}$	80	35	30	120
$^{4}/_{5}$	$1^{1}/_{4}$	120	30	100	80	$7^{1}/_{2}$	$^{2}/_{15}$	60	90	80	100
$^{8}/_{9}$	$1^{1}/_{8}$	120	30	90	80	8	$^{1}/_{8}$	75	50	40	120
1	1	120	20	60	90	9	$^{1}/_{9}$	50	75	80	120
$1^{1}/_{15}$	$^{15}/_{16}$	100	30	90	80	10	$^{1}/_{10}$	90	45	20	100
$1^{1}/_{8}$	$^{8}/_{9}$	120	30	80	90	11	$^{1}/_{11}$	35	70	80	110
$1^{3}/_{13}$	$^{13}/_{16}$	120	30	65	80	12	$^{1}/_{12}$	50	75	60	120
$1^{7}/_{25}$	$^{25}/_{32}$	120	30	50	80	13	$^{1}/_{13}$	40	65	60	120
$1^{1}/_{4}$	$^{4}/_{5}$	120	60	80	50	14	$^{1}/_{14}$	40	70	60	120
$1^{1}/_{3}$	$^{3}/_{4}$	100	40	90	75	15	$^{1}/_{15}$	30	75	80	120
$1^{5}/_{11}$	$^{11}/_{16}$	110	20	50	100	16	$^{1}/_{16}$	40	80	50	100
$1^{1}/_{2}$	$^{2}/_{3}$	100	25	60	90	18	$^{1}/_{18}$	30	90	80	120
$1^{3}/_{5}$	$^{5}/_{8}$	100	20	60	120	19	$^{1}/_{19}$	40	95	60	120
$1^{7}/_{9}$	$^{9}/_{16}$	90	20	60	120	20	$^{1}/_{20}$	30	75	60	120
2	$^{1}/_{2}$	120	30	50	100	21	$^{1}/_{21}$	80	70	20	120
$2^{2}/_{15}$	$^{15}/_{32}$	90	30	75	120	22	$^{1}/_{22}$	30	110	80	120
$2^{1}/_{4}$	$^{4}/_{9}$	120	45	60	90	24	$^{1}/_{24}$	30	90	60	120
$2^{2}/_{3}$	$^{3}/_{8}$	75	25	60	120	25	$^{1}/_{25}$	25	100	80	125
3	$^{1}/_{3}$	90	45	80	120	26	$^{1}/_{26}$	30	65	40	120

Tabelle 1 (Fortsetzung).

Gänge auf 1 Zoll	Steigung in Zoll	Drsp.	B 1	B 2	Leitsp.	Gänge auf 1 Zoll	Steigung in Zoll	Drsp.	B 1	B 2	Leitsp.
28	$^1/_{28}$	20	70	60	120	44	$^1/_{44}$	40	110	30	120
30	$^1/_{30}$	20	75	60	120	45	$^1/_{45}$	25	90	40	125
32	$^1/_{32}$	25	75	45	120	48	$^1/_{48}$	30	105	35	120
33	$^1/_{33}$	20	110	80	120	50	$^1/_{50}$	40	100	25	125
36	$^1/_{36}$	30	90	40	120	54	$^1/_{54}$	20	90	40	120
40	$^1/_{40}$	40	100	30	120	56	$^1/_{56}$	30	100	25	105
42	$^1/_{42}$	20	105	60	120	60	$^1/_{60}$	20	100	40	120

Wechselrädertabelle 2 und 3.

Leitspindel 4 Gang; Arbeitsstück soll Millimetersteigung erhalten.

Tabelle 2 — Tabelle 3

Steigung in mm	mit 127er Rad				ohne 127er Rad				
	Drsp.	B 1	B 2	Leitsp.	Drsp.	B 1	B 2	Leitsp.	Fehler
0,4	40	100	20	127	—	—	—	—	—
0,5	40	120	30	127	—	—	—	—	—
0,6	40	100	30	127	20	110	65	125	$+\frac{1}{1660}$
0,7	40	100	35	127	20	95	55	105	$+\frac{1}{2800}$
0,75	30	90	45	127	20	100	65	110	$+\frac{1}{1700}$
0,8	30	75	40	127	45	100	35	125	$+\frac{1}{8000}$
0,9	30	100	60	127	70	95	25	130	$-\frac{1}{4200}$
1	50	100	40	127	45	80	35	125	$+\frac{1}{8000}$
1,1	30	75	55	127	50	105	40	110	$-\frac{1}{2700}$
1,2	45	75	40	127	20	90	85	100	$-\frac{1}{2200}$
1,25	40	80	50	127	45	80	35	100	$+\frac{1}{8000}$
1,3	30	75	65	127	50	90	35	95	$-\frac{1}{4200}$
1,4	35	75	60	127	40	95	55	105	$+\frac{1}{2800}$
1,5	40	80	60	127	20	80	85	90	$-\frac{1}{2200}$
1,6	60	75	40	127	70	100	45	125	$+\frac{1}{8000}$
1,75	70	50	25	127	35	90	85	120	$-\frac{1}{2200}$
1,8	90	50	20	127	70	95	50	130	$-\frac{1}{4200}$
1,9	95	50	20	127	40	70	55	105	$+\frac{1}{3800}$
2	50	75	60	127	70	80	45	125	$+\frac{1}{8000}$
2,2	40	50	55	127	100	105	40	110	$-\frac{1}{2700}$
2,4	90	75	40	127	105	100	45	125	$+\frac{1}{8000}$
2,5	100	50	25	127	90	80	35	100	$+\frac{1}{8000}$
2,6	40	50	65	127	70	90	50	95	$-\frac{1}{4200}$
2,7	45	50	60	127	125	70	25	105	$-\frac{1}{20\,000}$
2,8	70	50	40	127	80	95	55	105	$-\frac{1}{2800}$
3	90	75	50	127	105	80	45	125	$+\frac{1}{8000}$
3,2	80	75	60	127	70	50	45	125	$+\frac{1}{8000}$
3,3	110	50	30	127	100	105	60	110	$-\frac{1}{2700}$
3,4	85	50	40	127	70	85	65	110	$-\frac{1}{3900}$
3,5	100	50	35	127	90	35	45	105	$-\frac{1}{3500}$
3,6	90	50	40	127	50	100	85	75	$-\frac{1}{2200}$
3,75	50	40	60	127	105	80	45	100	$+\frac{1}{8000}$
3,8	95	50	40	127	55	70	80	105	$+\frac{1}{3800}$
4	100	50	40	127	90	40	35	125	$+\frac{1}{8000}$

Tabelle 2 (Fortsetzung) | Tabelle 3 (Fortsetzung)

Steigung in mm	mit 127er Rad				ohne 127er Rad				
	Drsp.	B 1	B 2	Leitsp.	Drsp.	B 1	B 2	Leitsp.	Fehler
4,2	70	50	60	127	125	45	25	105	$-\frac{1}{20\,000}$
4,25	85	100	—	127	115	90	55	105	$+\frac{1}{32\,000}$
4,4	80	50	55	127	100	105	80	110	$-\frac{1}{2700}$
4,5	100	50	45	127	115	85	55	105	$+\frac{1}{32\,000}$
4,75	95	80	—	127	85	50	55	125	$-\frac{1}{24\,000}$
4,8	80	50	60	127	105	50	45	125	$+\frac{1}{8000}$
5	80	40	50	127	90	80	70	100	$+\frac{1}{8000}$
5,4	90	50	60	127	125	35	25	105	$-\frac{1}{20\,000}$
5,5	55	30	60	127	125	55	40	105	$-\frac{1}{2700}$
5,6	80	50	70	127	110	95	80	105	$-\frac{1}{2800}$
6	70	35	60	127	105	40	45	125	$+\frac{1}{8000}$
6,25	100	40	50	127	105	60	45	80	$+\frac{1}{8000}$
6,3	90	50	70	127	125	30	25	105	$-\frac{1}{20\,000}$
6,4	80	25	40	127	70	25	45	125	$+\frac{1}{8000}$
6,5	65	30	60	127	80	25	40	125	$-\frac{1}{4000}$
6,75	75	25	45	127	115	70	105	85	$+\frac{1}{32\,000}$
7	70	30	60	127	90	35	45	105	$-\frac{1}{3500}$
7,5	75	30	60	127	105	50	45	80	$+\frac{1}{8000}$
8	80	30	60	127	90	20	35	125	$+\frac{1}{8000}$
8,5	85	30	60	127	115	45	55	105	$+\frac{1}{32\,000}$
9	90	30	60	127	115	85	110	105	$+\frac{1}{32\,000}$
9,5	95	30	60	127	85	25	55	125	$-\frac{1}{24\,000}$
10	80	20	50	127	90	40	70	100	$+\frac{1}{8000}$
11	110	30	60	127	125	55	80	105	$-\frac{1}{2700}$
12	80	20	60	127	105	20	45	125	$+\frac{1}{8000}$
13	80	20	65	127	125	45	70	95	$-\frac{1}{4200}$
14	80	20	70	127	90	35	60	70	$-\frac{1}{3500}$
15	100	20	60	127	105	25	45	80	$+\frac{1}{8000}$
16	100	25	80	127	90	20	70	125	$+\frac{1}{8000}$
18	100	25	90	127	100	40	85	75	$-\frac{1}{2200}$
20	100	20	80	127	90	20	70	100	$+\frac{1}{8000}$
21	120	20	70	127	115	45	110	85	$+\frac{1}{32\,000}$
22	100	25	110	127	110	30	85	90	$-\frac{1}{2200}$
24	120	20	80	127	105	20	90	125	$+\frac{1}{8000}$
25	125	20	80	127	90	20	70	80	$+\frac{1}{8000}$
30	120	20	100	127	105	20	90	100	$+\frac{1}{8000}$

Wechselrädertabelle 4.

Leitspindel 6 mm Steigung; Arbeitsstück soll Millimetersteigung erhalten.

Steigung in mm	Drsp.	B 1	B 2	Leitsp.	Steigung in mm	Drsp.	B 1	B 2	Leitsp.
0,2	20	100	20	120	0,75	25	100	60	120
0,25	25	100	20	120	0,8	20	90	60	100
0,3	20	100	30	120	0,9	30	100	60	120
0,4	20	100	40	120	1	30	90	60	120
0,5	25	100	40	120	1,1	40	100	55	120
0,6	20	100	60	120	1,2	30	90	60	100
0,7	20	100	70	120	1,25	30	90	75	120

Tabelle 4 (Fortsetzung).

Steigung in mm	Drsp.	B 1	B 2	Leitsp.	Steigung in mm	Drsp.	B 1	B 2	Leitsp.
1,3	40	100	65	120	4,8	60	50	80	120
1,4	30	90	70	100	5	75	45	60	120
1,5	50	100	60	120	5,4	90	50	60	120
1,6	40	90	60	100	5,5	55	45	75	100
1,75	70	60	25	100	5,6	80	50	70	120
1,8	45	90	60	100	6	80	40	60	120
1,9	40	100	95	120	6,25	100	60	50	80
2	80	60	30	120	6,4	120	75	60	90
2,2	55	90	60	100	6,5	65	30	60	120
2,4	80	50	30	120	6,75	75	60	90	100
2,5	100	50	25	120	7	70	30	60	120
2,6	60	75	65	120	7,5	90	30	50	120
2,7	45	75	90	120	8	80	30	60	120
2,8	40	50	70	120	8,5	85	30	60	120
3	90	45	30	120	9	90	30	60	120
3,2	80	50	40	120	9,5	95	30	60	120
3,3	55	50	60	120	10	75	30	80	120
3,4	60	75	85	120	11	80	20	55	120
3,5	50	60	70	100	12	80	20	60	120
3,6	40	50	75	100	13	80	20	65	120
3,75	45	80	100	90	14	100	40	70	75
3,8	95	50	40	120	15	100	30	60	80
4	100	50	40	120	16	100	25	60	90
4,2	60	50	70	120	18	120	35	70	80
4,25	60	80	85	90	20	100	40	80	60
4,4	55	50	80	120	21	100	25	70	80
4,5	50	60	90	100	25	100	30	75	60
4,75	60	80	95	90	30	100	30	90	60

Wechselrädertabelle 5 und 6.

Leitspindel 6 mm Steigung; Arbeitsstück soll Gang- oder Zollsteigung erhalten.

Tabelle 5 | Tabelle 6

Gänge auf 1 Zoll	Steig. in Zoll	mit 127er Rad						ohne 127er Rad				
		Drsp.	B 1	B 2	B 3	B 4	Leitsp.	Drsp.	B 1	B 2	Leitsp.	Fehler
$^4/_{11}$	$2^3/_4$	127	30			110	40	—	—	—	—	—
$^2/_5$	$2^1/_2$	127	30			100	40	—	—	—	—	—
$^8/_{19}$	$2^3/_8$	127	30			95	40	110	50	80	35	$-\frac{1}{3500}$
$^4/_9$	$2^1/_4$	127	30			90	40	125	30	80	35	$+\frac{1}{8000}$
$^8/_{17}$	$2^1/_8$	127	20			85	80	120	30	90	40	$-\frac{1}{2160}$
$^1/_2$	2	127	30			100	50	110	20	100	65	$+\frac{1}{1660}$
$^4/_7$	$1^3/_4$	127	30			70	40	125	45	80	30	$+\frac{1}{8000}$
$^8/_{13}$	$1^5/_8$	127	30			65	40	130	20	90	85	$-\frac{1}{2160}$
$^2/_3$	$1^1/_2$	127	30			90	60	120	20	90	85	$-\frac{1}{2160}$
$^8/_{11}$	$1^3/_8$	127	30			110	80	110	20	90	85	$-\frac{1}{2160}$
$^4/_5$	$1^1/_4$	127	30			75	60	100	20	90	85	$-\frac{1}{2160}$
$^8/_9$	$1^1/_8$	127	30			90	80	125	30	80	70	$+\frac{1}{8000}$
1	1	127	45			90	60	120	20	60	85	$-\frac{1}{2160}$
$1^1/_{15}$	$^{15}/_{16}$	127	40			100	80	125	30	100	105	$+\frac{1}{8000}$
$1^1/_8$	$^8/_9$	127	45			100	75	110	20	65	95	$-\frac{1}{19300}$
$1^3/_{13}$	$^{13}/_{16}$	127	30			65	80	90	20	65	85	$-\frac{1}{2160}$
$1^7/_{25}$	$^{25}/_{32}$	127	60			125	80	110	35	100	95	$-\frac{1}{4200}$
$1^1/_4$	$^4/_5$	127	30			60	75	90	25	80	85	$-\frac{1}{2160}$

Tabelle 5 (Fortsetzung) Tabelle 6 (Fortsetzung)

Gänge auf 1 Zoll	Steig. in Zoll	mit 127er Rad						ohne 127er Rad				
		Drsp.	B 1	B 2	B 3	B 4	Leitsp.	Drsp.	B 1	B 2	Leitsp.	Fehler
$1^1/_3$	$^3/_4$	127	30			60	80	125	30	80	105	$+\frac{1}{8000}$
$1^5/_{11}$	$^{11}/_{16}$	127	30			55	80	110	20	45	85	$-\frac{1}{2160}$
$1^1/_2$	$^2/_3$	127	30			50	75	100	60	110	65	$+\frac{1}{8000}$
$1^3/_5$	$^5/_8$	127	30			50	80	125	45	100	105	$+\frac{1}{8000}$
$1^7/_9$	$^9/_{16}$	127	30			45	80	125	20	40	105	$+\frac{1}{8000}$
2	$^1/_2$	127	30			40	80	125	45	80	105	$+\frac{1}{8000}$
$2^2/_{15}$	$^{15}/_{32}$	127	60			75	80	125	35	50	90	$+\frac{1}{8000}$
$2^1/_4$	$^4/_9$	127	30			40	90	120	60	80	85	$-\frac{1}{2160}$
$2^1/_2$	$^2/_5$	127	50			60	90	100	45	80	105	$+\frac{1}{8000}$
3	$^1/_3$	127	45			40	80	85	55	105	115	$+\frac{1}{34\,000}$
$3^1/_5$	$^5/_{16}$	127	60			50	80	125	45	50	105	$+\frac{1}{8000}$
$3^5/_9$	$^9/_{32}$	127	80			45	60	125	—	—	105	$+\frac{1}{8000}$
4	$^1/_4$	127	30			25	100	125	90	80	105	$+\frac{1}{8000}$
$4^4/_7$	$^7/_{32}$	127	60			35	80	125	60	40	90	$+\frac{1}{8000}$
5	$^1/_5$	127	60			40	100	100	90	80	105	$+\frac{1}{8000}$
$5^1/_3$	$^3/_{16}$	127	60			30	80	125	60	40	105	$+\frac{1}{8000}$
$5^1/_2$	$^2/_{11}$	127	60			40	90	90	80	65	95	$-\frac{1}{19\,300}$
6	$^1/_6$	127	60			30	90	105	110	85	115	$+\frac{1}{34\,000}$
$6^2/_5$	$^5/_{32}$	127	60			25	80	125	90	50	105	$+\frac{1}{8000}$
$6^1/_2$	$^2/_{13}$	127	65			30	90	90	80	55	95	$-\frac{1}{19\,300}$
7	$^1/_7$	127	60			20	70	85	55	45	115	$+\frac{1}{34\,000}$
$7^1/_2$	$^2/_{15}$	127	60			20	75	60	85	80	100	$-\frac{1}{2160}$
8	$^1/_8$	127	60			20	80	100	90	50	105	$+\frac{1}{8000}$
9	$^1/_9$	127	60			20	90	85	55	35	115	$+\frac{1}{34\,000}$
10	$^1/_{10}$	127	75			25	100	100	90	40	105	$+\frac{1}{8000}$
11	$^1/_{11}$	127	60			20	110	65	80	45	95	$-\frac{1}{19\,300}$
12	$^1/_{12}$	127	60			20	120	60	100	50	85	$-\frac{1}{2200}$
13	$^1/_{13}$	127	65			20	120	55	80	45	95	$-\frac{1}{19\,300}$
14	$^1/_{14}$	127	70			20	120	85	110	45	115	$+\frac{1}{34\,000}$
15	$^1/_{15}$	127	75			20	120	60	85	40	100	$-\frac{1}{2160}$
16	$^1/_{16}$	127	80			20	120	100	90	25	105	$+\frac{1}{8000}$
18	$^1/_{18}$	127	90			20	120	85	110	35	115	$+\frac{1}{34\,000}$
19	$^1/_{19}$	127	95			20	120	45	85	40	95	$-\frac{1}{2160}$
20	$^1/_{20}$	127	100			20	120	100	90	20	105	$+\frac{1}{8000}$
21	$^1/_{21}$	127	105			20	120	85	110	30	115	$+\frac{1}{34\,000}$
22	$^1/_{22}$	127	50	30	90	25	110	60	85	30	110	$-\frac{1}{2160}$
24	$^1/_{24}$	127	50	30	90	25	120	45	85	40	120	$-\frac{1}{2160}$
25	$^1/_{25}$	127	60	30	75	20	100	80	90	20	105	$+\frac{1}{8000}$
27	$^1/_{27}$	127	60	25	75	20	90	20	120	80	85	$-\frac{1}{2160}$
28	$^1/_{28}$	127	60	25	70	20	100	30	85	45	105	$-\frac{1}{2160}$
30	$^1/_{30}$	127	60	30	90	20	100	60	85	20	100	$-\frac{1}{2160}$
32	$^1/_{32}$	127	60	25	80	20	100	50	90	25	105	$+\frac{1}{8000}$
33	$^1/_{33}$	127	60	25	75	20	110	30	85	40	110	$-\frac{1}{2160}$
36	$^1/_{36}$	127	60	25	90	20	100	60	85	20	120	$-\frac{1}{2160}$
40	$^1/_{40}$	127	60	20	80	20	100	50	90	20	105	$+\frac{1}{8000}$
42	$^1/_{42}$	127	60	20	70	20	120	45	85	20	105	$-\frac{1}{2160}$
44	$^1/_{44}$	127	60	20	80	20	110	45	85	20	110	$-\frac{1}{2160}$

Tabelle 5 (Fortsetzung) Tabelle 6 (Fortsetzung)

Gänge auf 1 Zoll	Steig. in Zoll	mit 127er Rad						ohne 127er Rad				
		Drsp.	B 1	B 2	B 3	B 4	Leitsp.	Drsp.	B 1	B 2	Leitsp.	Fehler
45	$^1/_{45}$	127	60	20	90	20	100	40	85	25	125	$-\frac{1}{2160}$
50	$^1/_{50}$	127	60	25	100	20	125	40	90	20	105	$+\frac{1}{8000}$
54	$^1/_{54}$	127	60	20	90	20	120	20	85	40	120	$-\frac{1}{2160}$
55	$^1/_{55}$	127	60	20	100	20	110	—	—	—	—	—
60	$^1/_{60}$	127	60	20	100	20	120	30	85	25	125	$-\frac{1}{2160}$

Wechselrädertabelle 7, 8 und 9.

Leitspindel 4 Gang; Arbeitsstück soll Modulsteigung erhalten.

Tabelle 7 (1 Modul $=\frac{12}{97}$ Zoll). Tabelle 8 (1 Modul $=\frac{12}{97}$ Zoll). Tabelle 9 (1 Modul $=\frac{200}{1617}$ Zoll).

Tabelle 7 Tabelle 8 Tabelle 9

Steig. in Modul	mit 97er Rad						ohne 97er Rad				mit 33, 66, 77, 49, 98er Rad					
	Drsp.	B 1	B 2	B 3	B 4	Lsp.	Drsp.	B 1	B 2	Lsp.	Drsp.	B 1	B 2	B 3	B 4	Lsp.
0,5	30	97			80	100	95	80	25	120[1]	80	66			20	98
0,75	45	97			80	100	85	105	55	120[2]	40	77			70	98
1	60	97			80	100	85	90	55	105[2]	40	66			80	98
1,25	75	97			80	100	125	70	45	130[4]	50	66			80	98
1,5	60	97			90	75	85	60	55	105[2]	60	66			80	98
1,75	70	75			90	97	100	55	50	105[3]	70	66			80	98
2	90	75			80	97	85	45	55	105[2]	80	77			100	105
2,25	90	50			60	97	85	60	55	70[2]	80	66			90	98
2,5	75	50			80	97	125	80	95	120[1]	80	66			100	98
2,75	110	50			60	97	100	35	50	105[3]	80	66			110	98
3	80	50			90	97	85	30	55	105[2]	120	60			80	98
3,25	120	50			65	97	100	70	90	80[4]	130	77			100	105
3,5	120	50			70	97	125	55	80	105[3]	70	33			80	98
3,75	120	40			60	97	120	55	85	100[4]	75	33			80	98
4	120	50			80	97	110	45	85	105[2]	80	33			80	98
4,5	90	25			60	97	110	35	85	120[2]	90	49			80	66
5	120	40			80	97	125	60	95	80[1]	100	49			80	66
5,5	120	25			55	97	125	35	80	105[3]	110	49			80	66
6	90	25			80	97	110	30	85	105[2]	120	49			80	66
6,5	120	25			65	97	100	40	90	70[4]	130	33			80	49
7	120	25			70	97	110	30	85	90[2]	100	35			80	66
7,5	100	25			90	97	125	40	95	80[1]	120	49			100	66
8	120	25			80	97	100	40	95	60[1]	100	33	80	49	40	50
8,5	120	25			85	97	—	—	—	—	100	33	85	49	40	50
9	120	25			90	97	110	20	85	105[2]	100	33	90	49	40	50
9,5	120	25			95	97	120	20	90	115[5]	100	33	95	49	40	50
10	120	25			100	97	125	40	95	60[1]	100	33			80	49
11	120	25			110	97	120	25	85	75[4]	110	33			80	49
12	120	20	80	25	30	97	110	35	85	45[2]	120	33			80	49
13	120	20	65	25	40	97	120	35	75	40[4]	100	25	80	49	65	66
14	120	20	70	25	40	97	110	30	85	45[2]	100	25	80	49	70	66
15	120	20	75	25	40	97	125	20	95	80[1]	100	25	80	49	75	66
16	120	20	80	25	40	97	100	30	95	40[1]	100	25	80	49	40	33
17	120	20	85	25	40	97	—	—	—	—	100	25	85	49	40	33
18	120	20	90	25	40	97	110	30	85	35[2]	100	25	80	49	45	33
19	120	20	95	25	40	97	—	—	—	—	100	25	95	49	40	33
20	120	20	80	20	40	97	125	30	95	40[1]	100	25	80	49	50	33

[1] Fehler $+\frac{1}{10\,500}$. [2] $-\frac{1}{16\,000}$. [3] $+\frac{1}{100\,000}$. [4] $-\frac{1}{2300}$. [5] $-\frac{1}{2000}$.

Wechselrädertabelle 10 und 11.

Leitspindel 6 mm Steigung; Arbeitsstück soll Modulsteigung erhalten.

Tabelle 10 | Tabelle 11

Steig. in Modul	Steigung in mm	1 Modul $= \frac{22}{7}$ mm; Fehler $+ \frac{1}{2600}$				Genaueste Werte				Sonderrad	Fehler
		Drsp.	B 1	B 2	Leitsp.	Drsp.	B 1	B 2	Leitsp.		
0,5	1,5708	40	70	55	120	95	100	35	127	127	$+\frac{1}{24000}$
0,75	2,3562	60	75	55	120	90	110	60	125	—	$+\frac{1}{16000}$
1	3,1416	80	70	55	120	95	50	35	127	127	$+\frac{1}{24000}$
1,25	3,9270	100	70	55	120	95	40	35	127	127	$+\frac{1}{24000}$
1,50	4,7124	110	70	40	80	95	100	105	127	127	$+\frac{1}{24000}$
1,75	5,4978	100	50	55	120	90	55	70	125	—	$+\frac{1}{16000}$
2	6,2832	100	70	55	75	95	50	70	127	127	$+\frac{1}{24000}$
2,25	7,0686	120	70	55	80	145	80	65	100	145	$+\frac{1}{50000}$
2,50	7,8540	100	35	55	120	95	40	70	127	127	$+\frac{1}{24000}$
2,75	8,6394	110	60	55	70	110	55	90	125	—	$+\frac{1}{16000}$
3	9,4248	100	50	55	70	105	50	85	127	127	$+\frac{1}{24000}$
3,25	10,2102	110	70	65	60	89	40	65	85	89	$-\frac{1}{8000}$
3,50	10,9956	120	45	55	80	89	40	70	85	89	$-\frac{1}{8000}$
3,75	11,7810	100	40	55	70	105	40	95	127	127	$+\frac{1}{24000}$
4	12,5664	120	70	55	45	95	25	70	127	127	$+\frac{1}{24000}$
4,5	14,1372	120	40	55	70	145	50	65	80	145	$+\frac{1}{50000}$
5	15,7080	110	60	100	70	95	20	70	127	127	$+\frac{1}{24000}$
5,5	17,2788	110	30	55	70	100	25	90	125	—	$+\frac{1}{16000}$
6	18,8496	120	30	55	70	105	25	95	127	127	$+\frac{1}{24000}$
6,5	20,4204	110	30	65	70	89	20	65	85	89	$-\frac{1}{8000}$
7	21,9912	120	30	55	60	89	20	70	85	89	$-\frac{1}{8000}$
7,5	23,5620	110	40	100	70	105	20	95	127	127	$+\frac{1}{24000}$
8	25,1328	120	45	110	70	145	30	65	75	145	$+\frac{1}{50000}$
8,5	26,7036	110	30	85	70	89	—	—	20	89	$-\frac{1}{8000}$
9	28,2744	110	30	90	70	145	20	65	100	145	$+\frac{1}{50000}$
9,5	29,8452	110	30	95	70	95	20	89	85	89	$-\frac{1}{8000}$
10	31,4160	110	30	100	70	145	30	65	60	145	$+\frac{1}{50000}$
11	34,5576	110	30	55	30	120	25	90	75	—	$+\frac{1}{16000}$
12	37,6992	110	25	100	70	145	30	65	50	145	$+\frac{1}{50000}$
13	40,8408	130	30	110	70	130	20	89	85	89	$-\frac{1}{8000}$
14	43,9824	120	30	110	60	—	—	—	—	—	
15	47,1240	110	20	100	60	145	30	65	40	145	$+\frac{1}{50000}$
16	50,2656	120	35	110	45	145	25	65	45	145	$+\frac{1}{50000}$
17	53,4070	110	30	85	35	100	20	89	50	89	$-\frac{1}{8000}$
18	56,5488	110	30	90	35	145	20	65	50	145	$+\frac{1}{50000}$
19	59,6904	110	30	95	35	—	—	—	—	—	
20	62,8320	110	30	100	35	145	20	65	45	145	$+\frac{1}{50000}$

4. Beispiel: Leitspindel 12 mm; schneide $2\frac{1}{2}$ Gg (ohne 127er Rad).

Lösung: Tabelle 6 nennt für $2\frac{1}{2}$ Gg 100, 45, 80, 105. Nimm mal mit $\frac{1}{2}$ $(= \frac{6}{12})$ $= \frac{100 \cdot 80 \cdot 1}{45 \cdot 105 \cdot 2} = \frac{100 \cdot 40}{45 \cdot 105}$. Probe: $\frac{100 \cdot 40}{45 \cdot 105} = \frac{20 \cdot 8}{9 \cdot 21} = \frac{160}{189}$; DR : LR = LG : DG; $160 : 189 = \frac{127}{60} : ?$; $\frac{127 \cdot 189}{60 \cdot 160} = \frac{24003}{9600} = 24003 : 9600 = 2{,}5003$ Gang.

c) Ist ein inneres Räderverhältnis zu berücksichtigen, so verfahren wir genau so, wie es in Abschn. 32 gelehrt wird (s. Beisp. 5). Mitunter muß dabei auch noch eine Umrechnung auf eine andere Leitspindel vorgenommen werden (s. Beisp. 6).

5. Beispiel: Leitsp. 6 mm; inneres Räderverhältnis 2 : 3; schneide 2,4 mm.

Lösung: Die Tabelle 4 nennt für 2,4 mm 80, 50, 30, 120 $= \frac{80 \cdot 30}{50 \cdot 120}$; dazu das Verhältnis $\frac{2}{3}$; $\frac{2}{3}\left|\frac{80 \cdot 30 \cdot 3}{50 \cdot 120 \cdot 2}\right. = \frac{2}{3}\left|\frac{40 \cdot 30}{50 \cdot 40}\right.$ (zu klein!) $= \frac{2}{3}\left|\frac{40 \cdot 90}{50 \cdot 120}\right. = \frac{2}{3}\left|\frac{90 \cdot 40}{50 \cdot 120}\right.$.

Probe: $\frac{2 \cdot 90 \cdot 40}{3 \cdot 50 \cdot 120} = \frac{2 \cdot 1 \cdot 1}{1 \cdot 5 \cdot 1} = \frac{2}{5}$; $\begin{matrix} DR : LR = Dst : Lst \\ 2 : 5 = ? : 6 \end{matrix}$; $\frac{2 \cdot 6}{5} = \frac{12}{5} = 2{,}4$ mm Steig.

6. Beispiel: Leitspindel 10 mm; innere Räder 1 : 4; schneide 16 mm.

Lösung: Die Tabelle 4 nennt für 16 mm 100, 25, 60, 90. Die Umrechnung auf die 10 mm Leitspindel erfordert ein Malnehmen mit $\frac{3}{5}$ $(= \frac{6}{10})$; dazu kommt dann noch die Berichtigung des Räderverhältnisses;

$$\text{also } \frac{1}{4}\left|\frac{100 \cdot 60 \cdot 4 \cdot 3}{25 \cdot 90 \cdot 1 \cdot 5}\right. = \frac{1}{4}\left|\frac{100 \cdot 120}{25 \cdot 75}\right. = \frac{1}{4}\left|\frac{120 \cdot 100}{25 \cdot 75}\right. .$$

Probe: $\frac{1 \cdot 120 \cdot 100}{4 \cdot 25 \cdot 75} = \frac{1 \cdot 2 \cdot 4}{1 \cdot 1 \cdot 5} = \frac{8}{5}$; $\begin{matrix} DR : LR = Dst : Lst \\ 8 : 5 = ? : 10 \end{matrix}$; $\frac{8 \cdot 10}{5} = \frac{8 \cdot 2}{1} = 16$ mm Steig.

d) Auch wenn andere Rädersätze als solche mit 5er Stufung vorhanden sind, kann man die Zahlentabellen gebrauchen. Die der Tabelle entnommenen Räder werden in treibende und getriebene Räder geordnet, die Zahlenwerte gekürzt und dann auf den neuen Rädersatz erweitert.

7. Beispiel: Leitspindel 4 Gg; schneide 1,25 mm; mit 127er Rad; Rädersatz mit 7er Stufung: 21, 28, 35 ... bis 126, 127.

Lösung: Die Tabelle 2 nennt 40, 80, 50, 127

$$= \frac{40 \cdot 50}{80 \cdot 127} = \frac{1 \cdot 25}{1 \cdot 127} = \frac{5 \cdot 5}{1 \cdot 127} = \frac{35 \cdot 70}{98 \cdot 127} = \frac{70 \cdot 35}{98 \cdot 127} .$$

Probe: $\frac{70 \cdot 35}{98 \cdot 127} = \frac{5 \cdot 5}{1 \cdot 127} = \frac{25}{127}$; $\begin{matrix} DR : LR = Dst : Lst \\ 25 : 127 = ? : \frac{127}{20} \end{matrix}$; $\frac{127 \cdot 25}{20 \cdot 127} = \frac{1 \cdot 5}{4 \cdot 1} = \frac{5}{4} = 1{,}25$ mm Stg.

e) In seltenen Fällen werden 6 Räder nötig sein. Die Grenze liegt für die 6 mm Leitspindel (Tabelle 5) z. B. bei 22 Gg. Bei einer 3 mm Leitspindel kann man aber auch 28 Gg noch mit 4 Rädern schneiden. Wir lesen für 28 Gg die Räder 127, 60, 25, 70, 20, 100 ab. Malzunehmen mit 2 $(= \frac{6}{3})$; also $\frac{127 \cdot 25 \cdot 20 \cdot 2}{60 \cdot 70 \cdot 100} = \frac{127 \cdot 25 \cdot 20}{60 \cdot 70 \cdot 50} = \frac{127 \cdot 1 \cdot 20}{60 \cdot 70 \cdot 2} = \frac{127 \cdot 20}{70 \cdot 120}$. Ein sorgfältiges Hineinarbeiten des Umrechnungsbruches in den aus der Tabelle abgelesenen Rädersatz ist also nötig.

8. Beispiel: Leitspindel 6 mm; schneide 24 Gang; ohne 127er Rad; möglichst genau. Die Drehbank eignet sich für 6 Räder.

Lösung: Der in Tabelle 6 angegebene Rädersatz für 24 Gang hat eine Ungenauigkeit von $\frac{1}{2160}$. Wir wählen darum den Rädersatz für 9 Gang (Fehler $\frac{1}{34\,000}$!) und rechnen auf 24 Gang um, indem wir von 9 Gang auf 1 Gang schließen (treibendes Rad 9mal größer!) und dann von 1 Gang auf 24 Gang (getriebenes Rad 24mal größer!)! Also $\frac{85 \cdot 35 \cdot 9}{55 \cdot 115 \cdot 24} = \frac{85 \cdot 35 \cdot 3}{55 \cdot 115 \cdot 8} = \frac{85 \cdot 35 \cdot 30}{55 \cdot 115 \cdot 80} = \frac{85 \cdot 30 \cdot 35}{55 \cdot 80 \cdot 115}$.

Probe: $\frac{85 \cdot 30 \cdot 35}{55 \cdot 80 \cdot 115} = \frac{17 \cdot 3 \cdot 7}{11 \cdot 8 \cdot 23} = \frac{357}{2024}$; $\begin{matrix} DR : LR = LG : DG \\ 357 : 2024 = \frac{127}{30} : ? \end{matrix}$; $\frac{2024 \cdot 127}{357 \cdot 30} =$

$$257\,048 : 10\,710 = 24{,}0007 \text{ Gang.}$$

G. Das Rechnen mit Näherungswerten.

49. Aufgabe: Mit 6 Gg.-Leitsp. sollen $11\frac{3}{4}$ Gg. geschnitten werden.

Lösung: $\text{Gv} = \frac{47}{4} : 6 = \frac{47}{4 \cdot 6} = \frac{47}{24}$; $\text{Rv} = \frac{24}{47}$. Das Räderverhältnis $\frac{24}{47}$ ist nicht zu verwerten; denn ein 47er Rad ist nicht vorhanden. Zerlegbar ist die 47 auch nicht. In solchen Fällen rechnet man mit Näherungswerten, d. h. mit solchen Werten, die dem genauen Werte sehr nahe kommen, so daß sie unbedenklich für diesen eingesetzt werden können. Das genaue, aber unbrauchbare Verhältnis heißt $\frac{24}{47}$; sein Wert ist $24 : 47 = 0{,}5106$ (siehe Abschn. 18).

a) Um zu besseren Zahlen zu kommen, setzen wir dem Bruch $\frac{24}{47}$ einen neuen Nenner hinzu, der in der Nähe des alten Nenners liegt, sich aber gegen den Zähler gut kürzen läßt, so daß nur kleine Zahlen entstehen ($\frac{1}{2}$ oder $\frac{1}{3}$ oder $\frac{2}{5}$ usf.). Also statt $\frac{24}{47}$ setzen wir $\frac{24}{47 \cdot 48}$.

b) Diese Erweiterung des Nenners wird dadurch wieder gut gemacht, daß auch der Zähler mit 48 erweitert wird. Also $\frac{24 \cdot 48}{47 \cdot 48}$; oder $\frac{24 \cdot 48}{48 \cdot 47}$, gekürzt $\frac{1 \cdot 48}{2 \cdot 47}$. (Nicht die 2 gegen 48 kürzen!)

c) Nun verschiebe ich den Bruch $\frac{48}{47}$ um 1 oder 2, d. h. ich lege 1 oder 2 im Zähler und Nenner zu, oder ich ziehe sie davon ab, je nachdem ich dadurch auf brauchbare Zahlen komme. Lege ich 1 hinzu, so entsteht $\frac{49}{48}$; das sind schon brauchbare Zahlen, denn sowohl 49 als auch 48 lassen sich zerlegen. Damit hätten wir bereits den Näherungswert. Er heißt $\frac{49}{96}$. Der Vorgang war folgender:

$$\frac{24}{47} = \frac{24 \cdot 48}{47 \cdot 48} = \frac{24 \cdot 48}{48 \cdot 47} = \frac{1 \cdot 48}{2 \cdot 47} = \frac{1 \cdot 49}{2 \cdot 48} \doteq \frac{49}{96}.$$

d) Wir prüfen den Näherungswert auf seine Brauchbarkeit, indem wir feststellen, wie es mit seiner Genauigkeit steht und ob er durch die Zerlegung und Erweiterung auf vorhandene Räder führt.

1) Genauigkeit: Genauer Wert $24:47 = 0{,}5106$; Näherungswert $49:96 = 0{,}5104$; der Unterschied beträgt auf 5106 nur 2; das ist rund der 2500. Teil oder $\frac{1}{2500}$. Er ist verschwindend klein und kann vernachlässigt werden.

2) Brauchbare Räder: $\frac{49}{96} = \frac{7 \cdot 7}{8 \cdot 12} = \frac{70 \cdot 35}{40 \cdot 120}$. Probe: $\frac{70 \cdot 35}{40 \cdot 120} = \frac{7 \cdot 7}{8 \cdot 12} = \frac{49}{96}$.

$$\begin{array}{l} \text{DR} : \text{LR} = \text{LG} : \text{DG} \\ \ \,49 : 96 \ = \ 6 \ : \ ? \end{array}; \quad \frac{96 \cdot 6}{49} = 576 : 49 = 11{,}75 \text{ Gg.}$$

Trotzdem mit Näherungswerten gerechnet wurde, ist das Ergebnis in der vierten Stelle noch genau.

Üben wir zunächst nur das Suchen von Näherungswerten, um dann zu praktischen Aufgaben überzugehen!

1. Beispiel: Suche einen Näherungswert zu $\frac{18}{53}$.

Lösung: a) Gut kürzbarer Bruch in der Nähe des alten Nenners: $\frac{18}{53 \cdot 54}$.

b) Wiedergutmachung dieser Veränderung: $\frac{18 \cdot 54}{53 \cdot 54} = \frac{18 \cdot 54}{54 \cdot 53} = \frac{1 \cdot 54}{3 \cdot 53}$.

c) Verschieben des 2. Bruches: $\frac{1 \cdot 55}{3 \cdot 54}$; 55 und 54 sind zerlegbar. Näherungswert also $\frac{55}{162}$.

d) Brauchbarkeit: 1) Genauigkeit: Genauer Wert $18:53 = 0{,}3396$; Näherungswert $55 : 162 = 0{,}3395$; Unterschied auf $3396 = 1$; also $\frac{1}{3396}$. Sehr guter Wert! 2) Räder $\frac{55}{162} = \frac{5 \cdot 11}{9 \cdot 18} = \frac{55 \cdot 25}{45 \cdot 90}$. Brauchbar!

2. Beispiel: Suche einen Näherungswert zu $\frac{29}{86}$.

Lösung: a) Statt $\frac{29}{86}$ setzen wir $\frac{29}{86 \cdot 87}$, b) Wiedergutmachung: $\frac{29 \cdot 87}{86 \cdot 87} = \frac{29 \cdot 87}{87 \cdot 86}$

$=\frac{1\cdot 87}{3\cdot 86}$ c) Verschieben nach aufwärts um 1 oder 2 oder 3 gibt keine brauchbaren Zahlen; denn weder $\frac{88}{87}$ oder $\frac{89}{88}$ oder $\frac{90}{89}$ sind passend zu zerlegen. Wir verschieben darum nach abwärts: $\frac{1\cdot 86}{3\cdot 85}$ auch nicht brauchbar; $\frac{1\cdot 85}{3\cdot 84}$ brauchbar! Näherungswert also $\frac{85}{252}$. d) Brauchbarkeit: 1) Genauigkeit: Genauer Wert 29 : 86 = 0,3373; Näherungswert 85 : 252 = 0,3373; Unterschied 0! 2) Räder $\frac{85}{252}=\frac{1\cdot 85}{14\cdot 18}=\frac{25\cdot 85}{70\cdot 90}$. Brauchbar!

3. Beispiel: Suche den Näherungswert zu $\frac{34}{53}$.

Lösung: a) Statt $\frac{34}{53}$ setzen wir $\frac{34}{53\cdot 51}$. b) Wiedergutmachung: $\frac{34\cdot 51}{53\cdot 51}=\frac{34\cdot 51}{51\cdot 53}$ $=\frac{2\cdot 51}{3\cdot 53}$. c) Verschieben: Um 1 nach abwärts $=\frac{2\cdot 50}{3\cdot 52}=\frac{2\cdot 25}{3\cdot 26}=\frac{1\cdot 25}{3\cdot 13}=\frac{25}{39}$; um 1 nach aufwrts $\frac{2\cdot 52}{3\cdot 54}=\frac{2\cdot 26}{3\cdot 27}=\frac{52}{81}$. Somit hätten wir gleich 2 Näherungswerte, nämlich $\frac{25}{39}$ und $\frac{52}{81}$. d) Brauchbarkeit: 1) Genauigkeit: Genauer Wert 34 : 53 = 0,6415. Erster Näherungswert 25:39 = 0,6410; zweiter Näherungswert 52:81 = 0,6419. Der 2. Wert ist also der bessere; Unterschied auf 6415 nur 4, das ist der 1600. Teil $=\frac{1}{1600}$. 2) Räder $\frac{52}{81}=\frac{4\cdot 13}{9\cdot 9}=\frac{40\cdot 65}{45\cdot 90}$. Weiteres Versuchen läßt einen noch bessern Wert finden. Wir gehen von dem Wert $\frac{2\cdot 52}{3\cdot 54}=\frac{2\cdot 26}{3\cdot 27}$ aus. Wir erweitern den zweiten Bruch, d. h. wir nehmen Zähler und Nenner mit 2 oder 3 oder 4 usw. mal und verschieben dann erst. Im vorliegenden Fall ist es vorteilhaft, vor dem Verschieben mit 3 zu erweitern, also $\frac{2\cdot 78}{3\cdot 81}$; um 1 verschobon $=\frac{2\cdot 77}{3\cdot 80}=\frac{1\cdot 77}{3\cdot 40}=\frac{77}{120}$ als Näherungswert. Brauchbarkeit: a) Genauigkeit: 77 : 120 = 0,6416; Unterschied nur 1 auf 6415; d. i. $\frac{1}{6415}$; sehr guter Wert! b) Räder $\frac{77}{120}=\frac{7\cdot 11}{6\cdot 20}=\frac{55\cdot 70}{60\cdot 100}$. Brauchbar!

Merke: Sehr häufig kommt man zu einem besseren Näherungswerte, wenn man den zweiten Bruch erst erweitert, so daß die Zahlen in die Nähe von 100 kommen, und dann verschiebt. Siehe auch Faktorentafel S. 47.

50. Aufgabe: Suche brauchbare Näherungswerte zu $\frac{17}{67}$; $\frac{12}{61}$; $\frac{29}{59}$; $\frac{41}{83}$; $\frac{48}{73}$; $\frac{30}{47}$; $\frac{60}{47}$; $\frac{44}{67}$; $\frac{100}{61}$; $\frac{25}{37}$; $\frac{75}{29}$; $\frac{61}{80}$.

4. Beispiel: Suche einen Näherungswert zu $\frac{254}{445}$.

Lösung: Nachdem 3 Beispiele ausführlich erläutert wurden, fassen wir die Vorgänge a, b und c zusammen, also $\frac{254}{445}=\frac{254\cdot 381}{381\cdot 445}=\frac{2\cdot 381}{3\cdot 445}$. Die zu verschiebenden Zahlen sind diesmal recht groß. Wir bringen sie durch ein ungenaues, grobes, sonst nicht gestattetes Kürzen in die Nähe von 100. Man kann 381 und auch 445 grob durch 5 kürzen ($\frac{76}{89}$). Also $\frac{2\cdot 76}{3\cdot 89}$, verschoben $\frac{2\cdot 77}{3\cdot 90}=\frac{1\cdot 77}{3\cdot 45}=\frac{77}{135}$ als Näherungswert. Brauchbarkeit: a) Genauer Wert 254:445 = 0,5708; Näherungswert 77:135 = 0,5704. Unterschied auf 5708 beträgt 4, d. i. rund $\frac{1}{1400}$. b) Räder: $\frac{77}{135}=\frac{7\cdot 11}{9\cdot 15}=\frac{55\cdot 70}{75\cdot 90}$ Brauchbar!

51. Aufgabe: Suche Näherungswerte und prüfe die Brauchbarkeit: $\frac{30}{183}$; $\frac{628}{533}$; $\frac{42}{247}$; $\frac{157}{500}$; $\frac{97}{265}$; $\frac{97}{461}$; $\frac{157}{815}$; $\frac{127}{555}$.

5. Beispiel: Suche zu $\frac{79}{80}$ einen Näherungswert.

Lösung: Die Zahlen liegen diesmal so dicht beieinander, daß das Suchen einer Zwischenzahl wegfällt. Es wird gleich verschoben. $\frac{79}{80}=\frac{77}{78}$ oder $\frac{80}{81}$. Brauchbarkeit: Genauer Wert 79 : 80 = 0,9875. Erster Näherungswert 77 : 78 = 0,9872; zweiter

Näherungswert $80 : 81 = 0{,}9876$. Der zweite Wert ist der bessere; Unterschied nur $\frac{1}{9875}$! Räder $\frac{80}{81} = \frac{10 \cdot 8}{9 \cdot 9} = \frac{80 \cdot 50}{45 \cdot 90}$. Brauchbar!

52. Aufgabe: Suche Näherungswerte und prüfe die Brauchbarkeit: $\frac{40}{41}$; $\frac{55}{53}$; $\frac{29}{30}$; $\frac{60}{59}$; $\frac{87}{92}$; $\frac{97}{96}$; $\frac{127}{125}$; $\frac{157}{154}$; $\frac{97}{100}$.

6. Beispiel: Suche zu $\frac{67}{20}$ einen Näherungswert.

Lösung: Bisher wurde immer eine Veränderung des Nenners nötig. Manchmal muß jedoch der Zähler geändert werden, während der Nenner derselbe bleibt. $\frac{67}{20} = \frac{60 \cdot 67}{20 \cdot 60} = \frac{3 \cdot 70}{1 \cdot 63} = \frac{3 \cdot 10}{1 \cdot 9} = \frac{1 \cdot 10}{1 \cdot 3} = \frac{10}{3}$. Genauer Wert $67 : 20 = 3{,}35$. Näherungswert $10 : 3 = 3{,}333$. Kein guter Wert! Wir verbessern ihn, indem wir den zweiten Bruch ($\frac{10}{9}$) erst mit 2 erweitern und dann verschieben, also $\frac{3 \cdot 10}{1 \cdot 9} = \frac{3 \cdot 20}{1 \cdot 18} = \frac{3 \cdot 19}{1 \cdot 17} = \frac{57}{17}$. $57 : 17 = 3{,}352$. Unterschied nur noch rund $\frac{1}{1700}$. Räder: $\frac{57}{17} = \frac{3 \cdot 19}{1 \cdot 17} = \frac{95 \cdot 60}{20 \cdot 85}$ Brauchbar!

53. Aufgabe: Suche Näherungswerte und prüfe die Brauchbarkeit: $\frac{61}{75}$; $\frac{41}{45}$; $\frac{83}{100}$; $\frac{29}{60}$; $\frac{31}{150}$; $\frac{89}{180}$; $\frac{37}{80}$; $\frac{61}{100}$; $\frac{73}{25}$.

Nach diesen Vorbereitungen wenden wir uns praktischen Aufgaben zu. Näherungswerte werden nötig, wenn ungewöhnliche Gewindesteigungen (6,7 mm; 4,1 mm; 8,3 mm; $3\frac{1}{12}$ Gg.; $14\frac{3}{5}$ Gg. usw.) vorliegen, oder wenn Sonderräder (97, 127, 157) vermieden werden sollen.

54. Aufgabe: Leitsp. 4 Gg. Schneide $10\frac{1}{4}$ Gg.

Lösung: a) Drsp. $\frac{41}{4}$ Gg; Leitsp. 4 Gg.

b) $Gv = \frac{41}{4} : 4 = \frac{41}{4 \cdot 4} = \frac{41}{16}$; $Rv = \frac{16}{41}$.

Wegen 41 ist Näherungswert nötig.

$\frac{16}{41} = \frac{16 \cdot 40}{40 \cdot 41} = \frac{2 \cdot 39}{5 \cdot 40} = \frac{1 \cdot 39}{5 \cdot 20} = \frac{39}{100}$.

Genauer Wert $16 : 41 = 0{,}3902$.

Näherungswert $39 : 100 = 0{,}3900$.

Unterschied rund $\frac{1}{2000}$.

c) Räder: $\frac{39}{100} = \frac{3 \cdot 13}{10 \cdot 10} = \frac{65 \cdot 45}{75 \cdot 100}$.

Probe: $\frac{65 \cdot 45}{75 \cdot 100} = \frac{13 \cdot 3}{5 \cdot 20} = \frac{39}{100}$.

$DR : LR = LG : DG$;
$39 : 100 = 4 : ?$

$\frac{4 \cdot 100}{39} = \frac{400}{39} = 400 : 39 = 10{,}25$ Gg.

Trotz Näherungswertes in den Hundertsteln noch genau!

55. Aufgabe: Leitsp. 12 mm. Schneide 18,5 mm.

Lösung: a) Drsp. 18,5 mm Steig; Leitspindel 12 mm Steig.

b) $Stv = 18{,}5 : 12 = \frac{18{,}5}{12} = \frac{185}{120} = \frac{37}{24}$; $Rv = \frac{37}{24}$.

Wegen 37 ist Näherungswert nötig.

$\frac{37}{24} = \frac{36 \cdot 37}{24 \cdot 36} = \frac{3 \cdot 36}{2 \cdot 35} = \frac{3 \cdot 18}{1 \cdot 35} = \frac{54}{35}$.

Genauer Wert $37 : 24 = 1{,}541$.

Näherungswert $54 : 35 = 1{,}541$.

In der 4. Stelle noch kein Unterschied.

c) Räder: $\frac{54}{35} = \frac{9 \cdot 6}{5 \cdot 7} = \frac{90 \cdot 60}{50 \cdot 70}$.

Probe: $\frac{90 \cdot 60}{50 \cdot 70} = \frac{9 \cdot 6}{5 \cdot 7} = \frac{54}{35}$.

$DR : LR = Dst : Lst$;
$54 : 35 = ? : 12$; $\frac{54 \cdot 12}{35} = \frac{648}{35}$

$= 648 : 35 = 18{,}51$ mm Steig.

56. Aufgabe: Leitsp. 4 Gg. Schneide $6\frac{5}{8}$ Gg.

Lösung: a) Drsp. $\frac{53}{8}$ Gg; Leitsp. 4 Gg.

b) $Gv = \frac{53}{8} : 4 = \frac{53}{8 \cdot 4} = \frac{53}{32}$; $Rv = \frac{32}{53}$.

Wegen 53 ist Näherungswert nötig

$\frac{32}{53} = \frac{32 \cdot 56}{56 \cdot 53} = \frac{4 \cdot 55}{7 \cdot 52} = \frac{1 \cdot 55}{7 \cdot 13} = \frac{55}{91}$.

Genauer Wert $32 : 53 = 0{,}6038$.

Näherungswert $55 : 91 = 0{,}6044$.

Unterschied rund $\frac{1}{1000}$.

c) Räder: $\frac{55}{91} = \frac{1 \cdot 55}{7 \cdot 13} = \frac{110 \cdot 25}{65 \cdot 70}$.

Probe: $\frac{110 \cdot 25}{65 \cdot 70} = \frac{11 \cdot 5}{13 \cdot 7} = \frac{55}{91}$.

$DR : LR = LG : DG$;
$55 : 91 = 4 : ?$

$\frac{4 \cdot 91}{55} = \frac{364}{55} = 364 : 55 = 6{,}618$ Gg.

Es sollen $6\frac{5}{8}$ Gg geschnitten werden, das sind $\frac{53}{8} = 53 : 8 = 6{,}625$ Gg.

57. Aufgabe: Leitsp. 6 mm. Schneide $17\frac{3}{4}$ mm.

Lösung: a) Drsp. $\frac{71}{4}$ mm Steig; Leitsp. 6 mm Steig.

b) $Stv = \frac{71}{4} : 6 = \frac{71}{4 \cdot 6} = \frac{71}{24}$; $Rv = \frac{71}{24}$.

Wegen 71 ist Näherungswert nötig.

$\frac{71}{24} = \frac{72 \cdot 71}{24 \cdot 72} = \frac{3 \cdot 69}{1 \cdot 70} = \frac{207}{70}$.

Genauer Wert 71 : 24 = 2,958.
Näherungswert 207 : 70 = 2,957.
Unterschied rund $\frac{1}{3000}$.

c) Räder: $\frac{207}{70} = \frac{9 \cdot 23}{10 \cdot 7} = \frac{90 \cdot 115}{70 \cdot 50} = \frac{115 \cdot 90}{50 \cdot 70}$.

Probe: $\frac{115 \cdot 90}{50 \cdot 70} = \frac{23 \cdot 9}{10 \cdot 7} = \frac{207}{70}$.

DR : LR = Dst : Lst; $\frac{207 \cdot 6}{70} = \frac{1242}{70}$
207 : 70 = ? : 6
= 1242 : 70 = 17,75 mm Steig (= $17\frac{3}{4}$).

58. Aufgabe: Leitsp. 6 Gg. Schneide 5 m Steig (ohne 127er Rad).

Lösung: a) Drsp. 5 mm Steig; Leitsp. $\frac{127}{30}$ mm Steig.

b) $Stv = 5 : \frac{127}{30} = \frac{5 \cdot 30}{127} = \frac{150}{127}$; $Rv = \frac{150}{127}$.

Da ohne 127er Rad gearbeitet werden soll, ist Näherungswert nötig.

$\frac{150}{127} = \frac{150 \cdot 125}{125 \cdot 127} = \frac{6 \cdot 128}{5 \cdot 130} = \frac{6 \cdot 64}{5 \cdot 65} = \frac{384}{325}$.

Genauer Wert 150 : 127 = 1,181.
Näherungswert 384 : 325 = 1,181.
In der 4. Stelle noch kein Unterschied.

c) Räder: $\frac{384}{325} = \frac{24 \cdot 16}{5 \cdot 65} = \frac{120 \cdot 80}{65 \cdot 125}$.

Probe: $\frac{120 \cdot 80}{65 \cdot 125} = \frac{24 \cdot 16}{5 \cdot 65} = \frac{384}{325}$.

DR : LR = Dst : Lst; $\frac{127 \cdot 384}{30 \cdot 325} = \frac{48768}{9750}$
384 : 325 = ? ; $\frac{127}{30}$
= 48768 : 9750 = 5,001 mm Steig.

59. Aufgabe: Leitsp. 12 mm. Schneide 4 Gg.

Lösung: a) Drsp. 4 Gg; Leitsp. $\frac{127}{60}$ Gg.

b) $Gv = 4 : \frac{127}{60} = \frac{4 \cdot 60}{127} = \frac{240}{127}$; $Rv = \frac{127}{240}$.

127er Rad ist nicht vorhanden; darum Näherungswert suchen!

$\frac{127}{240} = \frac{120 \cdot 127}{240 \cdot 120} = \frac{1 \cdot 126}{2 \cdot 119} = \frac{1 \cdot 18}{2 \cdot 17} = \frac{9}{17}$.

Genauer Wert 127 : 240 = 0,5292.
Näherungswert 9 : 17 = 0,5294.
Unterschied rund $\frac{1}{2600}$.

c) Räder: $\frac{9}{17} = \frac{1 \cdot 9}{1 \cdot 17} = \frac{90 \cdot 50}{85 \cdot 100}$.

Probe: $\frac{90 \cdot 50}{85 \cdot 100} = \frac{9 \cdot 1}{17 \cdot 1} = \frac{9}{17}$.

DR : LR = LG : DG; $\frac{127 \cdot 17}{60 \cdot 9} = \frac{2159}{540}$
9 : 17 = $\frac{127}{60}$: ?
2159 : 540 = 3,998 Gg.

60. Aufgabe: Leitsp. 1 Gg. Schneide 37 mm Steig (ohne 127er Rad).

Lösung: a) Drsp. 37 mm Steig; Leitsp. $\frac{127}{5}$ mm Steig.

b) $Stv = 37 : \frac{127}{5} = \frac{37 \cdot 5}{127} = \frac{185}{127}$; $Rv = \frac{185}{127}$.

Näherungswert:

$\frac{185 \cdot 111}{111 \cdot 127} = \frac{5 \cdot 112}{3 \cdot 128} = \frac{5 \cdot 7}{3 \cdot 8} = \frac{35}{24}$.

Genauer Wert 185 : 127 = 1,4567.
Näherungswert 35 : 24 = 1,4583.
Unterschied rund $\frac{1}{900}$.

c) Räder: $\frac{35}{24} = \frac{5 \cdot 7}{4 \cdot 6} = \frac{100 \cdot 70}{40 \cdot 120}$.

Probe: $\frac{100 \cdot 70}{40 \cdot 120} = \frac{5 \cdot 7}{2 \cdot 12} = \frac{35}{24}$.

DR : LR = Dst : Lst; $\frac{127 \cdot 35}{5 \cdot 24} = \frac{127 \cdot 7}{1 \cdot 24}$
35 : 24 = ? : $\frac{127}{5}$
= $\frac{889}{24}$ = 889 : 24 = 37,04 mm Steig.

61. Aufgabe: Leitsp. 2 Gg. Schneide $6\frac{1}{2}$ Modul (Modul $\frac{12''}{97}$; ohne 97er Rad).

Lösung: Drsp. $6\frac{1}{2} \cdot \frac{12}{97} = \frac{78''}{97}$ Steig; Leitsp. $\frac{1''}{2}$ Steig.

b) $Stv = \frac{78}{97} : \frac{1}{2} = \frac{78 \cdot 2}{97 \cdot 1} = \frac{156}{97}$; $Rv = \frac{156}{97}$.

$\frac{156}{97} = \frac{156 \cdot 104}{104 \cdot 97} = \frac{3 \cdot 105}{2 \cdot 98} = \frac{3 \cdot 15}{2 \cdot 14} = \frac{45}{28}$.

Genauer Wert 156 : 97 = 1,608.
Näherungswert 45 : 28 = 1,607.
Unterschied rund $\frac{1}{1600}$.

c) Räder: $\frac{45}{28} = \frac{9 \cdot 5}{4 \cdot 7} = \frac{90 \cdot 75}{60 \cdot 70}$.

Probe: $\frac{90 \cdot 75}{60 \cdot 70} = \frac{9 \cdot 5}{4 \cdot 7} = \frac{45}{28}$.

DR : LR = Dst : Lst; $\frac{127 \cdot 45}{10 \cdot 28} = \frac{127 \cdot 9}{2 \cdot 28}$
45 : 28 = ? : $\frac{127}{10}$
= $\frac{1143}{56}$ = 1143 : 56 = 20,410 mm Steig
(6,5 Modul = 6,5 · 3,14 = 20,410 mm Steig).

62. Aufgabe: Leitspindel 1 Gg; 2 Gg; 4 Gg; 5 Gg; 6 Gg; 8 Gg. Schneide $11\frac{3}{4}$ Gg; $5\frac{3}{8}$ Gg; 4,5 mm; 2,4 mm; 6 mm; 2 Modul; 6 Modul (ohne Sonderräder; also mit Näherungswerten; 1 Modul = $\frac{12''}{97}$).

63. Aufgabe: Leitspindel 24 mm; 12 mm; 10 mm; 6 mm; 4 mm. Schneide 6,7 mm; 8,3 mm; $2\frac{1}{4}$ Gg; $1\frac{1}{2}$ Gg; 4 Modul; $2\frac{1}{4}$ Modul (ohne Sonderräder, also mit Näherungswerten).

H. Schwindmaßgewinde.

Werden Werkstücke mit Gewinde später gehärtet (Bohrer, Fräser), und sollen sie nach dem Härten genauestes Maß aufweisen, so wird es nötig, die durch das Härten verursachte Schrumpfung zu berücksichtigen. Der Schwund beträgt 0,04 mm auf 1 Zoll, das ist $\frac{1}{635}$ (25,4 : 0,04 = 2540 : 4 = 635). Wenn $\frac{1}{635}$ schwindet, so muß die Steigung vor dem Härten um $\frac{1}{635}$ größer genommen werden, also $\frac{636}{635}$ betragen. Mit andern Worten: Das Steigungsverhältnis muß mit $\frac{636}{635}$ malgenommen werden. Diese Zahlen lassen sich gut zerlegen: $\frac{636}{635} = \frac{12\cdot53}{5\cdot127}$. Eine kleine Verschiebung auf $\frac{625}{624}$ ist häufig vorteilhaft. Auch diese Zahlen sind gut zerlegbar: $\frac{625}{624} = \frac{5\cdot125}{13\cdot48}$. Der Wert ist noch sehr genau. Eine Verschiebung auf $\frac{508}{507}$ gibt ebenfalls noch brauchbare Werte $\left(\frac{508}{507} = \frac{4\cdot127}{3\cdot13\cdot13}\right)$; die Vergrößerung beträgt in diesem Falle 0,05 mm auf 1 Zoll.

Zum Schneiden von Schwindmaßgewinden eignen sich am besten Drehbänke mit mm-Leitspindel, die zum Aufstecken von 6 Wechselrädern eingerichtet sind. Ferner ist ein festes inneres Übersetzungsverhältnis von Vorteil, bzw. Hebel- oder Nortonschaltung (Aufgabe 68, 3. Lösung). Dann genügen meistens 4 Wechselräder. An Sonderrädern sind in manchen Fällen das 53er, 78er oder 106er Rad nötig. Einige Beispiele werden Klarheit schaffen.

64. Aufgabe: Leitsp. 6 mm. Schneide 2,4 mm. Schwindmaß 0,04 mm auf 1 Zoll.

Lösung: a) Drsp. $2\frac{2}{5} = \frac{12}{5}$ mm; Leitsp. 6 mm.

b) $\text{Stv} = \frac{12}{5\cdot6} = \frac{2}{5}$.

Schwindmaß $\frac{2\cdot625}{5\cdot624} = \frac{1\cdot125}{1\cdot312}$.

(diesmal wurde $\frac{625}{624}$ gewählt, weil ein gutes Kürzen möglich wird). $\text{Rv} = \frac{125}{312}$.

c) Räder: $\frac{125}{312} = \frac{1\cdot125}{24\cdot13} = \frac{125\cdot25}{65\cdot120}$.

Probe: $\frac{125\cdot25}{65\cdot120} = \frac{25\cdot5}{13\cdot24} = \frac{125}{312}$.

DR : LR = Dst : Lst; $\frac{125\cdot6}{312} = \frac{125}{52}$.
125 : 312 = ? : 6

125 : 52 = 2,4038 mm vor dem Härten. Beim Härten schwindet der 635ste Teil. 2,4039 : 635 = 0,0036 mm.

Nach dem Härten also 2,4038 mm
— 0,0036 „
2,4002 mm.

65. Aufgabe: Leitsp. 12 mm. Schneide 15 Gg. Schwindmaß 0,04 mm auf 1 Zoll.

Lösung: a) Drsp. 15 Gg; Leitsp. $\frac{127}{60}$ Gg.

b) $\text{Gv} = \frac{15\cdot60}{127} = \frac{900}{127}$; $\text{Stv} = \frac{127}{900}$.

Schwindmaß $\frac{127\cdot636}{900\cdot635} = \frac{1\cdot53}{75\cdot5} = \frac{53}{375}$

(wegen des guten Kürzens gewählt). $\text{Rv} = \frac{53}{375}$.

c) Räder: $\frac{53}{375} = \frac{1\cdot53}{3\cdot125} = \frac{30\cdot53}{90\cdot125}$.

Probe: $\frac{30\cdot53}{90\cdot125} = \frac{1\cdot53}{3\cdot125} = \frac{53}{375}$.

DR : LR = Dst : Lst; $\frac{12\cdot53}{375} = \frac{636}{375}$.
53 : 375 = ? : 12

636 : 375 = 1,6960 mm vor dem Härten.
Davon ab der 635ste Teil. 1,69600 mm
1,6960 : 635 = 0,00267; — 0,00267 „
1 Gang nach dem Härten = 1,69333 mm
15 Gg = 1,69333 · 15 = 25,39995 mm.
Unterschied auf 1 Zoll nur $\frac{1}{20000}$ mm.

66. Aufgabe: Leitsp. 2 Gg. Schneide 18 Gg.

Lösung: a) Drsp. 18 Gg; Leitsp. 2 Gg.

b) $Gv = \frac{18}{2} = \frac{9}{1}$; Stv (= Rv) $= \frac{1}{9}$.

Vergrößert auf: $\frac{1 \cdot 636}{9 \cdot 635} = \frac{1 \cdot 212}{3 \cdot 635} = \frac{212}{1905}$. $Rv = \frac{212}{1905}$.

c) Räder: $\frac{212}{1905} = \frac{4 \cdot 53}{15 \cdot 127} = \frac{20 \cdot 53}{75 \cdot 127}$.

Probe: $\frac{20 \cdot 53}{75 \cdot 127} = \frac{4 \cdot 53}{15 \cdot 127} = \frac{212}{1905}$.

$$\begin{array}{l} DR : LR = Dst : Lst \\ 212 : 1905 = \;?\; : \frac{127}{10} \end{array} ; \quad \frac{127 \cdot 212}{10 \cdot 1905} = \frac{26924}{19050}$$

26924 : 19050 = 1,4133 vor d. Härten,
davon ab 0,0022
1,4111 nach d. Härten.

1,4111 · 18 = 25,3998 mm für 18 Gg.
An 1 Zoll fehlen nur $\frac{2}{10000}$ mm!

67. Aufgabe: Leitsp. 1 Gg. Schneide 1,5 mm.

Lösung: a) Drsp. $1\frac{1}{2} = \frac{3}{2}$ mm; Leitsp. $\frac{127}{5}$ mm.

b) $Stv = \frac{3}{2} : \frac{127}{5} = \frac{3 \cdot 5}{2 \cdot 127} = \frac{15}{254}$.

Schwindmaß $\frac{15 \cdot 508}{254 \cdot 507} = \frac{5 \cdot 2}{1 \cdot 169} = \frac{10}{169}$. $Rv = \frac{10}{169}$.

c) Räder: $\frac{10}{169} = \frac{2 \cdot 5}{13 \cdot 13} = \frac{25 \cdot 20}{65 \cdot 130}$.

Probe: $\frac{25 \cdot 20}{65 \cdot 130} = \frac{5 \cdot 2}{13 \cdot 13} = \frac{10}{169}$.

$$\begin{array}{l} DR : LR = Dst : Lst \\ 10 : 169 = \;?\; : \frac{127}{5} \end{array} ; \quad \frac{127 \cdot 10}{5 \cdot 169} = \frac{127 \cdot 2}{169}$$

= 254 : 169 = 1,5029 vor d. Härten,
davon ab 0,0024 (geteilt durch 635)
1,5005 mm nach d. Härten.

68. Aufgabe: Leitsp. 8 Gg; Schneide 14 Gg.

1. Lösung mit 6 Rädern: a) Drsp. 14 Gg; Leitsp. 8 Gg.

b) $Gv = \frac{14}{8} = \frac{7}{4}$. Stv (= Rv) $= \frac{4}{7}$. Schwindmaß $\frac{4 \cdot 625}{7 \cdot 624} = \frac{1 \cdot 625}{7 \cdot 156} = \frac{625}{1092}$. $Rv = \frac{625}{1092}$.

c) Räder: $\frac{625}{1092} = \frac{1 \cdot 5 \cdot 125}{7 \cdot 12 \cdot 13} = \frac{125 \cdot 50 \cdot 25}{65 \cdot 60 \cdot 70}$.

Probe: $\frac{125 \cdot 50 \cdot 25}{65 \cdot 60 \cdot 70} = \frac{25 \cdot 5 \cdot 5}{13 \cdot 6 \cdot 14} = \frac{625}{1092}$.

$$\begin{array}{l} DR : LR = Dst : Lst \\ 625 : 1092 = \;?\; : \frac{127}{40} \end{array} ; \quad \frac{127 \cdot 625}{40 \cdot 1092} = \frac{127 \cdot 125}{8 \cdot 1092} = 15875 : 8736 = 1{,}81719 \text{ mm für 1 Gg}$$

vor dem Härten. 1,81719 : 635 = 0,00285 mm Schwund; 1,81719 — 0,00285 = 1,81434 mm für 1 Gg nach dem Härten. 14 Gg sind dann 1,81434 · 14 = 25,40076 mm auf 1″. Also genauestes Maß! (Für 2. und 3. Lösung ist die Probe dieselbe wie bei 1. Lösung.)

2. Lösung mit 4 Rädern, aber als Sonderrad das 78er Rad.

a) und b) wie 1. Lösung.

c) Räder: $\frac{625}{1092} = \frac{5 \cdot 125}{14 \cdot 78} = \frac{125 \cdot 25}{70 \cdot 78}$.

3. Lösung mit innerem Räderverhältnis 5 : 2 und 4 Rädern.

a) und b) wie 1. Lösung.

c) Räder: $\frac{5}{2} \Big| \frac{625 \cdot 2}{1092 \cdot 5} = \frac{5}{2} \Big| \frac{125 \cdot 1}{546 \cdot 1} = \frac{5}{2} \Big| \frac{125 \cdot 1}{21 \cdot 26} = \frac{5}{2} \Big| \frac{125 \cdot 25}{105 \cdot 130}$.

J. Anleitung zum Gebrauch der Faktorentafel.

a) Rv $\frac{25}{156}$. Lies aus der Faktorentafel (Tabelle 12) für 25 die Faktoren 5 · 5 und für 156 die Faktoren 12 · 13 oder 6 · 26 ab. Also $Rv = \frac{5 \cdot 5}{12 \cdot 13}$ oder $\frac{5 \cdot 5}{6 \cdot 26}$.

b) Für unzerlegbare Zahlen (sie sind in der Faktorentafel fortgelassen) verwende den Faktor 1. Also $Rv = \frac{23}{126}$. Für 126 laut Tabelle 7 · 18. $Rv = \frac{1 \cdot 23}{7 \cdot 18}$.

c) Sind für eine Zahl mehrere Faktorengruppen angegeben, so wähle die geeignetste aus!

d) Soll mit 6 Wechselrädern gearbeitet werden, so ist ein in der Tabelle genannter Faktor nochmals zu zerlegen; nötigenfalls ist der Faktor 1 zu verwerten.

Zum Beispiel $Rv = \frac{35}{168}$. 35 laut Tabelle $= 5 \cdot 7$; in 3 Faktoren $= 1 \cdot 5 \cdot 7$. Für 168 lies aus der Tabelle $8 \cdot 21$ ab; in 3 Faktoren $= 2 \cdot 4 \cdot 21$. Also $Rv = \frac{1 \cdot 5 \cdot 7}{2 \cdot 4 \cdot 21}$.

Tabelle 12. Faktorentafel 1 bis 400 für Wechselräder[1].

4	2·2	50	5·10	100	5·20	150	10·15	220	4·55	320	8·40
6	2·3	51	3·17		4·25	152	8·19		11·20		16·20
8	2·4	52	4·13		10·10	153	9·17		2·110	322	14·23
9	3·3	54	3·18		2·50	154	11·14	221	13·17	323	17·19
10	2·5		6·9	102	6·17		7·22	224	14·16	324	12·27
12	2·6	55	5·11	104	4·26	156	12·13	225	9·25	325	13·25
	3·4	56	4·14		8·13		6·26		5·45	330	15·22
14	2·7		7·8	105	7·15	160	2·80	228	12·19	336	16·21
15	3·5	57	3·19		5·21		4·40	230	10·23	338	13·26
16	2·8	60	6·10	108	4·27		8·20	231	11·21	340	17·20
	4·4		2·30		9·12		10·16	234	9·26	342	18·19
18	2·9		4·15		6·18	161	7·23		13·18	343	7·49
	3·6		3·20	110	2·55	162	9·18	238	14·17	345	15·23
20	2·10	63	3·21		10·11	165	11·15	240	15·16	350	7·50
	4·5		7·9		5·22	168	8·21		8·30		14·25
21	3·7	64	4·16	112	7·16		7·24	242	11·22	351	13·27
22	2·11		8·8		8·14		12·14	243	9·27	352	16·22
24	2·12	65	5·13	114	6·19	169	13·13	245	7·35	357	17·21
	3·8	66	6·11	115	5·23	170	2·85	247	13·19	360	6·60
	4·6	68	4·17	117	9·13		10·17	250	5·50		12·30
25	5·5	69	3·23	120	2·60	171	9·19		10·25		4·90
26	2·13	70	7·10		4·30	175	7·25	252	14·18		9·40
27	3·9		5·14		5·24		5·35	253	11·23		3·120
28	2·14		2·35		8·15	176	11·16	254	2·127		18·20
	4·7	72	3·24		10·12	180	2·90	255	15·17		24·15
30	2·15		6·12	121	11·11		3·60	256	16·16		8·45
	3·10		8·9	125	5·25		4·45	260	13·20	361	19·19
	5·6		4·18	126	6·21		6·30	264	12·22	363	11·33
32	2·16	75	3·25		7·18		9·20	266	14·19	364	13·28
	4·8		5·15		9·14		10·18	270	9·30	368	16·23
33	3·11	76	4·19	128	8·16		12·15		15·18	374	17·22
34	2·17	77	7·11	130	2·65	182	13·14	272	16·17	375	15·25
35	5·7	78	6·13		5·26		7·26	273	13·21		3·125
36	2·18	80	5·16		10·13	184	8·23	275	11·25	378	14·27
	3·12		4·20	132	6·22	187	11·17	276	12·23		18·21
	6·6		2·40		11·12	189	9·21	280	7·40	380	19·20
	4·9		8·10	133	7·19	190	10·19		14·20	381	3·127
38	2·19	81	9·9	135	3·45	192	12·16	285	15·19	384	16·24
39	3·13	84	4·21		9·15		8·24	286	13·22	385	11·35
40	2·20		7·12	136	8·17	194	2·97	288	16·18	388	4·97
	4·10		6·14	138	6·23	195	13·15	289	17·17	390	13·30
	5·8	85	5·17	140	2.70	196	4·49	291	3·97		15·26
42	2·21	88	4·22		4·35	198	9·22	294	14·21		6·65
	3·14		8·11		7·20	200	2·100	297	11·27		3·130
	6·7	90	5·18		10·14		4·50	299	13·23	391	17·23
44	4·11		10·9	143	11·13		5·40	300	10·30	392	7·56
45	3·15		2·45	144	6·24		8·25		15·20	396	18·22
	5·9	91	7·13		8·18		10·20		5·60	399	19·21
46	2·23	92	4·23		12·12	204	12·17		4·75	400	4·100
48	2·24	95	5·19	147	7·21	208	13·16		12·25		8·50
	3·16	96	4·24	150	2·75		8·26	304	16·19		16·25
	4·12		8·12		3·50	209	11·19	306	17·18		5·80
	6·8		6·16		5·30	210	10·21	312	12·26		10·40
49	7·7	98	7·14		6·25		14·15		13·24		20·20
50	2·25	99	9·11			216	9·24	315	9·35		

[1] Eine Faktorentafel bis 10000 findet sich in dem Werkstattbuch Heft 4: KNAPPE: Wechselräderberechnung. — Dieses Heft setzt umfangreiche mathematische Vorkenntnisse voraus.

e) Wertvoll ist die Tabelle für das Aufsuchen guter Näherungswerte. Je näher der zu erweiternde Bruch an die 400 gebracht wird, und je geringer die Verschiebung ist, desto genauer ist der Näherungswert (siehe S. 42). Im 6. Beispiel (S. 49) ist Rv $= \frac{19}{24}$. Genauer Wert $= 19:24 = 0{,}7917$. 1. Näherungswert: $\frac{19}{24} = \frac{18 \cdot 19}{24 \cdot 18} = \frac{3 \cdot 19}{4 \cdot 18}$; um 1 verschoben $= \frac{3 \cdot 20}{4 \cdot 19} = \frac{3 \cdot 5}{1 \cdot 19} = \frac{15}{19}$; $15:19 = 0{,}7895$. Fehler zu groß; unbrauchbar!

2. Näherungswert: Vor dem Verschieben erweitern wir den 2. Bruch ($\frac{19}{18}$) etwa mit 8 (siehe S. 42); also $\frac{3 \cdot 152}{4 \cdot 144}$; um 1 verschoben $= \frac{3 \cdot 153}{4 \cdot 145}$ oder $\frac{3 \cdot 151}{4 \cdot 143}$. Nun suchen wir in der Faktorentafel 153 und 145 auf. Wegen der 145 unbrauchbar! Wir suchen dann 151 und 143 auf. 151 ist nicht zerlegbar. Also ebenfalls unbrauchbar! Die Erweiterung mit 8 führte demnach nicht zum Ziel. Wir erweitern den 2. Bruch ($\frac{19}{18}$) nunmehr mit 7; also $\frac{3 \cdot 133}{4 \cdot 126}$; um 1 verschoben $= \frac{3 \cdot 132}{4 \cdot 125}$. Laut Tabelle sind 132 und 125 zerlegbar. Also $\frac{3 \cdot 11 \cdot 12}{4 \cdot 5 \cdot 25} = \frac{3 \cdot 11 \cdot 3}{1 \cdot 5 \cdot 25} = \frac{99}{125}$, $99:125 = 0{,}7920$. Unterschied zum genauen Wert $= \frac{1}{2600}$. Brauchbar! Räder: $\frac{99}{125} = \frac{9 \cdot 11}{5 \cdot 25} = \frac{90 \cdot 55}{50 \cdot 125}$.

3. Näherungswert: Der 2. Bruch ($\frac{19}{18}$) wird vor dem Verschieben mit 18 erweitert; also $\frac{3 \cdot 342}{4 \cdot 324}$; um 1 verschoben $= \frac{3 \cdot 343}{4 \cdot 325} = \frac{3 \cdot 7 \cdot 49}{4 \cdot 13 \cdot 25}$ (laut Faktorentafel!) $= \frac{21 \cdot 7 \cdot 7}{4 \cdot 13 \cdot 25} = \frac{1029}{1300} = 1029:1300 = 0{,}7916$. Unterschied zum genauen Wert $= \frac{1}{8000}$. Sehr guter Wert; aber 6 Wechselräder!

Merke: Führt eine Erweiterung nicht zum Ziel, so versuche es mit andern Erweiterungen. Praktisch ist es, die ganze Erweiterungsreihe bis 400 hin aufzuschreiben. In obigem Beispiel also $\frac{19}{18} = \frac{38}{36} = \frac{57}{54} = \frac{76}{72} = \frac{95}{90}$ usf. bis $\frac{399}{378}$. Nun werden die einzelnen Werte der Reihe nach oder außer der Reihe durchprobiert, d. h. um 1 verschoben (durch Zuzählen oder Abziehen) und dann mittels der Faktorentafel auf brauchbare Zerlegung in Faktoren untersucht. Bei großen Zahlen (in der Nähe von 400) kann die Verschiebung bis 6 oder 7 Einheiten betragen. Die Näherungswerte sind meistens auch dann noch brauchbar.

Weiteres Beispiel (in kurzer Ausführung): Suche einen Näherungswert zu $\frac{25}{127}$, um das 127-Rad zu vermeiden.

Lösung: $\frac{25}{127} = \frac{25 \cdot 125}{125 \cdot 127} = \frac{1 \cdot 125}{5 \cdot 127} = \frac{1 \cdot 375}{5 \cdot 381} = \frac{1 \cdot 374}{5 \cdot 380} = \frac{1 \cdot 17 \cdot 22}{5 \cdot 20 \cdot 19} = \frac{1 \cdot 17 \cdot 11}{5 \cdot 10 \cdot 19} = \frac{187}{950}$.

Genauer Wert: $25:127 = 0{,}19685$; Näherungswert: $187:950 = 0{,}19684$. Fehler $= \frac{1}{20\,000}$.

K. Wie hilft man sich bei schadhaften Wechselrädern?

Die nachfolgenden Beispiele bringen Wechselrädersätze aus Tabellen. Das eingeklammerte Rad ( ) ist durch irgendwelche Beschädigungen unbrauchbar geworden. Es ist ein anderer Rädersatz zu ermitteln, der jenes Rad vermeidet.

a) Stelle das Verhältnis des unbrauchbaren Rades zu einem Gegenrade fest und erweitere auf passende Räder!

1. Beispiel: $\frac{40 \cdot 50}{(60) \cdot 120}$; 1. Lösung: $\frac{40}{60} = \frac{2}{3} = \frac{70}{105}$; also $\frac{70 \cdot 50}{105 \cdot 120}$.

2. Lösung: $\frac{50}{60} = \frac{5}{6} = \frac{75}{90}$; also $\frac{40 \cdot 75}{90 \cdot 120}$ und andere Möglichkeiten.

b) Stelle das Gesamtverhältnis fest, zerlege in geeignete Faktoren und erweitere auf passende Räder!

2. Beispiel: $\frac{25\cdot(90)}{55\cdot 125}$. Lösung: $\frac{25\cdot 90}{55\cdot 125}=\frac{1\cdot 18}{11\cdot 5}=\frac{18}{55}=\frac{2\cdot 9}{11\cdot 5}=\frac{50\cdot 45}{55\cdot 125}$.

c) Arbeite statt mit 2 Rädern mit 4 Rädern!

3. Beispiel: $\frac{(60)}{95}$. Lösung: $\frac{60}{95}=\frac{12}{19}=\frac{3\cdot 4}{1\cdot 19}=\frac{120\cdot 20}{40\cdot 95}$.

d) Arbeite statt mit 4 Rädern mit 6 Rädern!

4. Beispiel: $\frac{25\cdot 65}{(80)\cdot 120}$. Lösung: $\frac{1\cdot 25\cdot 65}{2\cdot 40\cdot 120}=\frac{30\cdot 25\cdot 65}{60\cdot 40\cdot 120}=\frac{65\cdot 25\cdot 30}{40\cdot 60\cdot 120}$.

e) Versuche, bei Drehbänken mit Hebeleinschaltung auch durch Einschaltung eines anderen Räderverhältnisses das schadhafte Rad zu vermeiden.

5. Beispiel: Die Tabelle nennt 64, 21, (40), 120 bei Schaltung 6 (Aufgabe 45, S. 31). Vorhandenen Rädersatz siehe ebenfalls Aufgabe 45!

Lösung: Schaltung 6 $=\frac{21}{16}$; also $\frac{21\cdot 64\cdot 40}{16\cdot 21\cdot 120}=\frac{1\cdot 4\cdot 1}{1\cdot 1\cdot 3}=\frac{4}{3}$. Wir wählen nun Schaltung 9, das ist $\frac{3}{2}$. Also $\frac{3}{2}\Big|\frac{4\cdot 2}{3\cdot 3}=\frac{3}{2}\Big|\frac{80\cdot 32}{24\cdot 120}$.

Probe: Der alte und der neue Rädersatz müssen das gleiche Radverhältnis haben! $Rv_1=\frac{21\cdot 64\cdot 40}{16\cdot 21\cdot 120}=\frac{1\cdot 4\cdot 1}{1\cdot 1\cdot 3}=\frac{4}{3}$; $Rv_2=\frac{3\cdot 80\cdot 32}{2\cdot 24\cdot 120}=\frac{1\cdot 1\cdot 4}{1\cdot 1\cdot 3}=\frac{4}{3}$.

f) Rechne, wenn nötig, mit Näherungswerten!

6. Beispiel: Leitspindel 6 mm; schneide 4,75 mm. Tabelle 4, S. 35 nennt 60, 80, 95, 90. Das 95er Rad sei schadhaft. Die Drehbank ist für 6 Wechselräder ungeeignet.

Lösung: $\frac{60\cdot 95}{80\cdot 90}=\frac{3\cdot 19}{4\cdot 18}=\frac{1\cdot 19}{4\cdot 6}=\frac{19}{24}$. Das Suchen eines Näherungswertes wird notwendig. $\frac{19}{24}=\frac{18\cdot 19}{24\cdot 18}=\frac{3\cdot 19}{4\cdot 18}=\frac{3\cdot 133}{4\cdot 126}$ (der Bruch $\frac{19}{18}$ wurde im Zähler und Nenner mit 7 malgenommen) $=\frac{3\cdot 132}{4\cdot 125}$ (der 2. Bruch wurde im Zähler und Nenner um 1 verschoben) $=\frac{3\cdot 33}{1\cdot 125}=\frac{99}{125}$. Genauer Wert $19:24=0{,}7917$; Näherungswert $99:125=0{,}7920$. Unterschied $\frac{3}{7917}$ oder rund $\frac{1}{2600}$. Brauchbar!

Räder: $\frac{99}{125}=\frac{9\cdot 11}{1\cdot 125}=\frac{90\cdot 55}{50\cdot 125}$. (Also ohne 95er Rad!)

Probe: $\frac{90\cdot 55}{50\cdot 125}=\frac{9\cdot 11}{1\cdot 125}=\frac{99}{125}$; $\begin{array}{l}DR:LR=Dst:Lst\\ 99:125=\ ?\ :6\end{array}$;

$$\frac{6\cdot 99}{125}=594:125=4{,}752\text{ mm}.$$

III. Berechnungen beim Kegeldrehen[1].

A. Allgemeines über Winkel, Dreieck, Kegel.

35. Der Tangens. Zwei Linien können mit überall gleichem Abstand nebeneinander gezeichnet sein: man sagt dann, sie laufen parallel (Abb. 4).

Zwei Linien können auch so nebeneinander herlaufen, daß sie sich bei genügender Verlängerung schneiden (Abb. 5). Treffen sie sich, so nennt man den Raum, den die beiden Linien einschließen, einen Winkel. Die Linien selbst nennt man Schenkel, der Schnittpunkt heißt Scheitelpunkt (Abb. 6 u. 7). Einen Winkel benennt man durch einen Buchstaben, den man in den Winkel hineinsetzt (Abb. 6, sprich: Winkel a), oder durch drei Buchstaben. Dann nennt man den Buch-

[1] In der Praxis ist statt des deutschen Wortes „Kegel" vielfach noch das Fremdwort „Konus" gebräuchlich. Wir wollen die entbehrlichen Fremdwörter vermeiden.

staben am Scheitelpunkt in der Mitte (Abb. 7), also Winkel ABC oder Winkel CBA. Das Zeichen für Winkel ist $\angle$ (z. B. $\angle ABC$ oder $\angle a$).

Abb. 4.

Abb. 5.

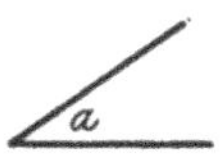

Abb. 6

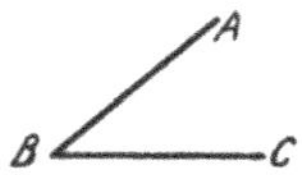

Abb. 7.

Die Größe eines Winkels kann man durch die Größe des Kreisbogens angeben, den man zwischen seine Schenkel mit dem Scheitelpunkt als Mittelpunkt dieses Kreises schlagen kann (Abb. 8). Um den vollen Winkel (Abb. 8f) kann man einen vollen Kreis schlagen. Diesen Kreis, der zum Bestimmen der Winkelgröße dient, hat man in 360 Teile eingeteilt. Jeden Teil davon nennt man 1 Grad (das Zeichen dafür: 1^0). Jeden Grad hat man wieder in 60 Minuten geteilt (Zeichen: $60'$); jede Minute hat 60 Sekunden (Zeichen: $60''$). Ein Vollwinkel hat demnach 360^0,

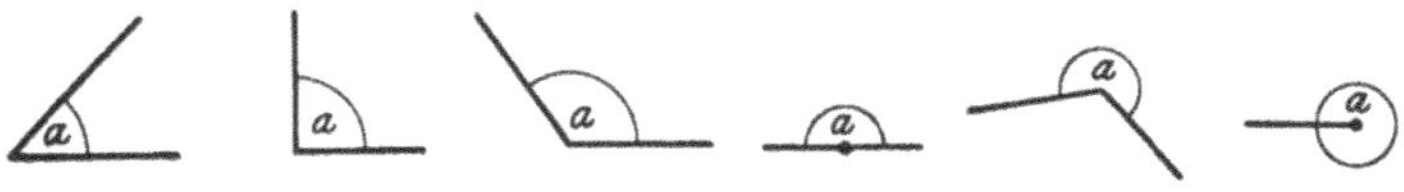

a b c d e f

Abb. 8a—f.

ein gestreckter Winkel 180^0 (Halbkreis), ein rechter Winkel 90^0 (Viertelkreis); ein spitzer Winkel hat unter 90^0, ein stumpfer über 90^0, aber unter 180^0, ein überstumpfer über 180^0, aber unter 360^0. Bei einem r e c h t e n Winkel sagt man: „Der eine Schenkel steht s e n k r e c h t auf dem andern." Demnach ist eine S e n k r e c h t e eine Linie, die mit einer andern einen rechten Winkel bildet.

Abb. 9 stellt einen Winkel dar; er heißt a. Auf dem Schenkel BC ist eine Senkrechte errichtet und bis zum Schnitt mit dem andern Schenkel verlängert worden; sie heißt DE. Wenn nun diese Senkrechte zu dem Schenkelabschnitt BD ins Verhältnis gesetzt wird, so ist durch dieses als Bruch geschriebene Verhältnis die

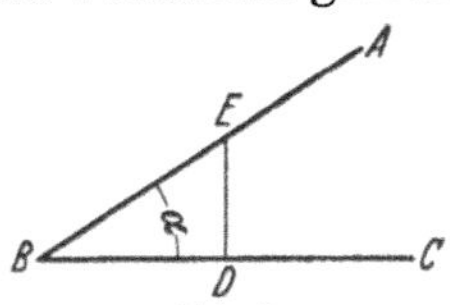

Abb. 9.

Größe des Winkels a genau bestimmt. $\angle a = \frac{DE}{BD}$. Wäre DE z. B. 14 mm lang, BD 21 mm, so wäre $\angle a = \frac{14}{21} = \frac{2}{3} = 0{,}6666$ groß. In welchem Punkte die Senkrechte errichtet wird, ist gleichgültig. Das Verhältnis ist stets dasselbe.

Merke: Das Verhältnis der dem Winkel gegenüberliegenden Senkrechten zu dem Schenkelabschnitt vom Scheitelpunkt bis zum Fußpunkt der Senkrechten nennt man T a n g e n s des Winkels; Zeichen dafür „tg".

Wäre die Senkrechte 25 mm, der Schenkelabschnitt 30 mm, so wäre tg $a = \frac{25}{30} = \frac{5}{6} = 5 : 6 = 0{,}8333$. Wäre die Senkrechte 14,5 mm, der Schenkelabschnitt 7,2 mm, so wäre tg $a = \frac{14{,}5}{7{,}2} = \frac{145}{72} = 145 : 72 = 2{,}0138$.

1. Aufgabe: Senkrechte =	20	28	15	78	16,5	83,6	31,2 mm.
Schenkelabschnitt =	25	16	27	45,2	4,7	25,4	46,8 mm.

Wie groß ist tg? (Rechne immer auf vier Dezimalstellen.) So genügt tg schon für sich, die Größe eines Winkels zu bestimmen. Gelehrte haben aber außerdem noch Zahlentafeln ausgearbeitet, die es ermöglichen, aus tg auch die G r a d e des Winkels zu ermitteln (siehe Tabelle 13, S. 52 u. 53).

Gearbeitet wird nach dieser Tabelle folgendermaßen:

2. Aufgabe: Wir benutzen die Zahlen der 1. Aufgabe.

tg$a = \frac{20}{25} = \frac{4}{5} = 4 : 5 = 0{,}8000$. Nun suchen wir in der Tabelle die Zahl 0,8000 auf. Wir finden als nächstliegende Zahl 0,8002. In der Gradspalte links davon finden wir die Zahl 38, in der Minutenspalte die Zahl 40. Demnach gehört zu tg a ein Winkel von $38^0\,40'$. Die nächste Aufgabe! tg$a = \frac{28}{16} = \frac{7}{4} = 7 : 4 = 1{,}7500$. Als nächstliegende Zahl finden wir in der Tabelle 1,7556. Als Winkel lesen wir ab $60^0\,20'$. — Suche nach den weiteren Angaben der Aufgabe 1 die Winkelgrößen!

3. Aufgabe: Wie groß ist $\angle a$ (Abb. 9) bei folgenden Seitenverhältnissen?

Senkrechte mm	3,6	4,5	2,7	18,4	6,9	4,3	24,1	63,6	92,8.
Schenkelabschnitt mm	10,5	3,6	12,3	44,5	10,4	9,8	5,6	7,2	23,9.

Umgekehrt kann auch aus der Tabelle für einen bekannten Winkel der Tangens (tg) festgestellt werden.

Beispiel: Wie groß ist tg 45° 30'? Lösung: In den Grad- und Minutenspalten sucht man 45° 30' auf und liest dann die rechts danebenstehende Zahl 1,0176 ab. Kurz: tg 45° 30' = 1,0176. Ebenso: tg 16° 40' = 0,2994 usw.

4. Aufgabe: Bestimme den Tangens folgender Winkel: 24° 0'; 40° 50'; 6° 30'; 54° 20'; 10° 40'; 36° 50'; 32° 10'; 78° 10'; 44° 30'.

Merke: $10' = \frac{1}{6}^0$; $20' = \frac{1}{3}^0$; $30' = \frac{1}{2}^0$; $40' = \frac{2}{3}^0$; $50' = \frac{5}{6}^0$; denn $60' = 1^0$. Also: 14° 20' oder $14\frac{1}{3}^0$; 20° 30' oder $20\frac{1}{2}^0$; $36\frac{5}{6}^0$ oder 36° 50' usf.

36. Etwas von den Flächen. Für die Kegelberechnung kommen in Betracht: das rechtwinklige Dreieck, der Kreis und das Trapez.

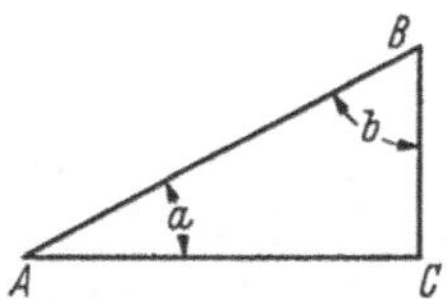

Abb. 10

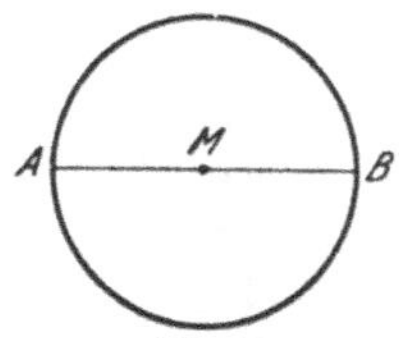

Abb. 11

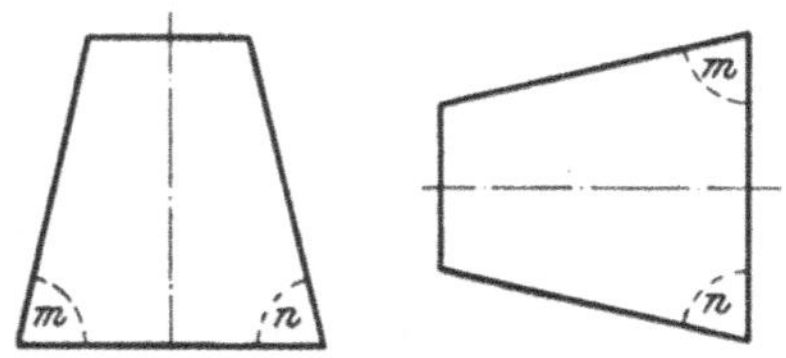

Abb. 12

a) Das rechtwinklige Dreieck (Abb. 10) wird so genannt, weil zwei Schenkel einen rechten Winkel einschließen. Diese Seiten nennt man Katheten. Die dem rechten Winkel gegenüberliegende Seite AB heißt Hypotenuse. Da Kathete AC senkrecht auf Kathete BC steht, so ist $\text{tg} \angle b = \frac{AC}{BC}$; oder auch $\text{tg} \angle a = \frac{BC}{AC}$. (= gegenüberliegende Kathete geteilt durch anliegende Kathete).

b) Die Linie, die eine Kreisfläche begrenzt (Abb. 11), heißt Umfang des Kreises. M ist der Mittelpunkt, AB der Durchmesser, MB der Halbmesser des Kreises (vgl. Abschn. 19).

c) Abb. 12 stellt ein stehendes und ein liegendes Trapez dar. Trapeze haben ein Paar parallele Seiten und ein Paar nichtparallele Seiten. In Abb. 12 haben die nichtparallelen Seiten dieselbe Neigung zu den parallelen Seiten, d. h. $\angle m = \angle n$. Das ist ein Sonderfall, die Seiten können auch verschieden geneigt sein.

37. Etwas von den Körpern. Abb. 13 stellt eine Walze oder einen Zylinder dar. Die Querschnitte ergeben immer einen Kreis. Alle Querschnitte sind gleich groß. Jeder Punkt der Oberfläche ist gleich weit von der Achse MN entfernt. Ein Längsschnitt durch die Walze ergibt ein Rechteck ($ABCD$). Körper in Form von Abb. 14 heißen Kegel. Die Querschnitte parallel zur Grundfläche ergeben ebenfalls Kreise, aber von verschiedener Größe. Der Längsschnitt ergibt ein Dreieck (ABC).

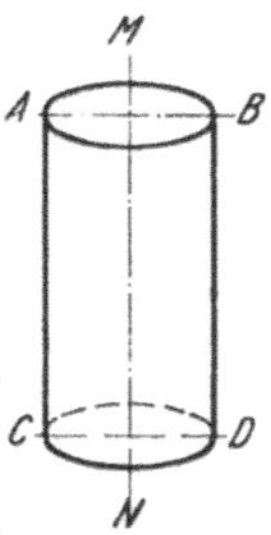

Abb. 13

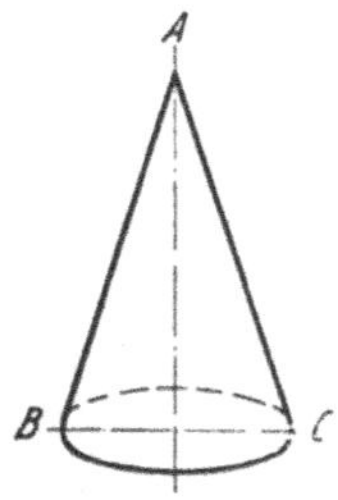

Abb. 14

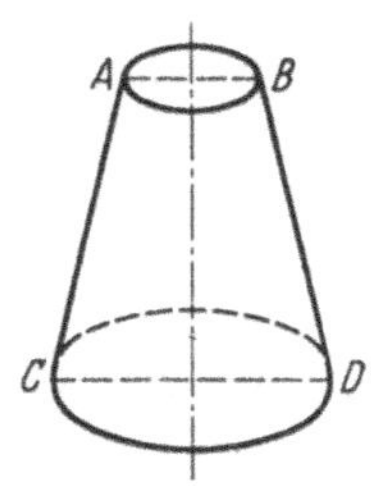

Abb. 15

Abb. 15 stellt einen abgestumpften Kegel dar. Die Querschnitte ergeben Kreisformen, der Längsschnitt ist ein Trapez ($ABCD$).

Tabelle 13. Tangens.

Gr	Mi	tg	Gr	Mi	tg	Gr	Mi	tg	Gr	Mi	tg	Gr	Mi	tg
0	0	0,0000	9	0	0,1584	18	0	0,3249	27	0	0,5095	36	0	0,7265
	10	0,0029		10	0,1614		10	0,3281		10	0,5132		10	0,7310
	20	0,0058		20	0,1644		20	0,3314		20	0,5169		20	0,7355
	30	0,0087		30	0,1673		30	0,3346		30	0,5206		30	0,7400
	40	0,0116		40	0,1703		40	0,3378		40	0,5243		40	0,7445
	50	0,0145		50	0,1733		50	0,3411		50	0,5280		50	0,7490
1	0	0,0175	10	0	0,1763	19	0	0,3443	28	0	0,5317	37	0	0,7536
	10	0,0204		10	0,1793		10	0,3476		10	0,5354		10	0,7581
	20	0,0233		20	0,1823		20	0,3508		20	0,5392		20	0,7627
	30	0,0262		30	0,1853		30	0,3541		30	0,5430		30	0,7673
	40	0,0291		40	0,1883		40	0,3574		40	0,5467		40	0,7720
	50	0,0320		50	0,1914		50	0,3607		50	0,5505		50	0,7766
2	0	0,0349	11	0	0,1944	20	0	0,3640	29	0	0,5543	38	0	0,7813
	10	0,0378		10	0,1974		10	0,3673		10	0,5581		10	0,7860
	20	0,0407		20	0,2004		20	0,3706		20	0,5619		20	0,7907
	30	0,0437		30	0,2035		30	0,3739		30	0,5658		30	0,7954
	40	0,0466		40	0,2065		40	0,3772		40	0,5696		40	0,8002
	50	0,0495		50	0,2095		50	0,3805		50	0,5735		50	0,8050
3	0	0,0524	12	0	0,2126	21	0	0,3839	30	0	0,5774	39	0	0,8098
	10	0,0553		10	0,2156		10	0,3872		10	0,5812		10	0,8146
	20	0,0582		20	0,2186		20	0,3906		20	0,5851		20	0,8195
	30	0,0612		30	0,2217		30	0,3939		30	0,5890		30	0,8243
	40	0,0641		40	0,2247		40	0,3973		40	0,5930		40	0,8292
	50	0,0670		50	0,2278		50	0,4006		50	0,5969		50	0,8342
4	0	0,0699	13	0	0,2309	22	0	0,4040	31	0	0,6009	40	0	0,8391
	10	0,0729		10	0,2339		10	0,4074		10	0,6048		10	0,8441
	20	0,0758		20	0,2370		20	0,4108		20	0,6088		20	0,8491
	30	0,0787		30	0,2401		30	0,4142		30	0,6128		30	0,8541
	40	0,0816		40	0,2432		40	0,4176		40	0,6168		40	0,8591
	50	0,0846		50	0,2462		50	0,4210		50	0,6208		50	0,8642
5	0	0,0875	14	0	0,2493	23	0	0,4245	32	0	0,6249	41	0	0,8693
	10	0,0904		10	0,2524		10	0,4279		10	0,6289		10	0,8744
	20	0,0934		20	0,2555		20	0,4314		20	0,6330		20	0,8796
	30	0,0963		30	0,2586		30	0,4348		30	0,6371		30	0,8847
	40	0,0992		40	0,2617		40	0,4383		40	0,6412		40	0,8899
	50	0,1022		50	0,2648		50	0,4417		50	0,6453		50	0,8952
6	0	0,1051	15	0	0,2679	24	0	0,4452	33	0	0,6494	42	0	0,9004
	10	0,1080		10	0,2711		10	0,4487		10	0,6536		10	0,9057
	20	0,1110		20	0,2742		20	0,4522		20	0,6577		20	0,9110
	30	0,1139		30	0,2773		30	0,4557		30	0,6619		30	0,9163
	40	0,1169		40	0,2805		40	0,4592		40	0,6661		40	0,9217
	50	0,1198		50	0,2836		50	0,4628		50	0,6703		50	0,9271
7	0	0,1228	16	0	0,2867	25	0	0,4663	34	0	0,6745	43	0	0,9325
	10	0,1257		10	0,2899		10	0,4699		10	0,6787		10	0,9380
	20	0,1287		20	0,2931		20	0,4734		20	0,6830		20	0,9435
	30	0,1317		30	0,2962		30	0,4770		30	0,6873		30	0,9490
	40	0,1346		40	0,2994		40	0,4806		40	0,6916		40	0,9545
	50	0,1376		50	0,3026		50	0,4841		50	0,6959		50	0,9601
8	0	0,1405	17	0	0,3057	26	0	0,4877	35	0	0,7002	44	0	0,9657
	10	0,1435		10	0,3089		10	0,4913		10	0,7046		10	0,9713
	20	0,1465		20	0,3121		20	0,4950		20	0,7089		20	0,9770
	30	0,1495		30	0,3153		30	0,4986		30	0,7133		30	0,9827
	40	0,1524		40	0,3185		40	0,5022		40	0,7177		40	0,9884
	50	0,1554		50	0,3217		50	0,5059		50	0,7221		50	0,9942

Tabelle 13. Tangens. (Fortsetzung.)

Gr	Mi	tg	Gr	Mi	tg	Gr	Mi	tg	Gr	Mi	tg	Gr	Mi	tg
45	0	1,0000	54	0	1,3764	63	0	1,9626	72	0	3,0777	81	0	6,3138
	10	1,0058		10	1,3848		10	1,9768		10	3,1084		10	6,4348
	20	1,0117		20	1,3934		20	1,9912		20	3,1397		20	6,5606
	30	1,0176		30	1,4019		30	2,0057		30	3,1716		30	6,6912
	40	1,0235		40	1,4106		40	2,0204		40	3,2041		40	6,8269
	50	1,0295		50	1,4193		50	2,0353		50	3,2371		50	6,9682
46	0	1,0355	55	0	1,4281	64	0	2,0503	73	0	3,2709	82	0	7,1154
	10	1,0416		10	1,4370		10	2,0655		10	3,3052		10	7,2687
	20	1,0477		20	1,4460		20	2,0809		20	3,3402		20	7,4287
	30	1,0538		30	1,4550		30	2,0965		30	3,3759		30	7,5958
	40	1,0599		40	1,4641		40	2,1123		40	3,4124		40	7,7704
	50	1,0661		50	1,4733		50	2,1283		50	3,4495		50	7,9530
47	0	1,0724	56	0	1,4826	65	0	2,1445	74	0	3,4874	83	0	8,1443
	10	1,0786		10	1,4919		10	2,1609		10	3,5261		10	8,3450
	20	1,0850		20	1,5013		20	2,1775		20	3,5656		20	8,5555
	30	1,0913		30	1,5108		30	2,1943		30	3,6059		30	8,7769
	40	1,0977		40	1,5204		40	2,2113		40	3,6470		40	9,0098
	50	1,1041		50	1,5301		50	2,2286		50	3,6891		50	9,2553
48	0	1,1106	57	0	1,5399	66	0	2,2460	75	0	3,7321	84	0	9,5144
	10	1,1171		10	1,5497		10	2,2637		10	3,7760		10	9,7882
	20	1,1237		20	1,5597		20	2,2817		20	3,8208		20	10,078
	30	1,1303		30	1,5697		30	2,2998		30	3,8667		30	10,385
	40	1,1369		40	1,5798		40	2,3183		40	3,9136		40	10,712
	50	1,1436		50	1,5900		50	2,3369		50	3,9617		50	11,059
49	0	1,1504	58	0	1,6003	67	0	2,3559	76	0	4,0108	85	0	11,430
	10	1,1571		10	1,6107		10	2,3750		10	4,0611		10	11,826
	20	1,1640		20	1,6212		20	2,3945		20	4,1126		20	12,251
	30	1,1708		30	1,6319		30	2,4142		30	4,1653		30	12,706
	40	1,1778		40	1,6426		40	2,4342		40	4,2193		40	13,197
	50	1,1847		50	1,6534		50	2,4545		50	4,2747		50	13,727
50	0	1,1918	59	0	1,6643	68	0	2,4751	77	0	4,3315	86	0	14,301
	10	1,1988		10	1,6753		10	2,4960		10	4,3897		10	14,924
	20	1,2059		20	1,6864		20	2,5172		20	4,4494		20	15,605
	30	1,2131		30	1,6977		30	2,5386		30	4,5107		30	16,350
	40	1,2203		40	1,7090		40	2,5605		40	4,5736		40	17,169
	50	1,2276		50	1,7205		50	2,5826		50	4,6382		50	18,075
51	0	1,2349	60	0	1,7321	69	0	2,6051	78	0	4,7046	87	0	19,081
	10	1,2423		10	1,7437		10	2,6279		10	4,7729		10	20,206
	20	1,2497		20	1,7556		20	2,6511		20	4,8430		20	21,470
	30	1,2572		30	1,7675		30	2,6746		30	4,9152		30	22,904
	40	1,2647		40	1,7796		40	2,6985		40	4,9894		40	24,542
	50	1,2723		50	1,7917		50	2,7228		50	5,0658		50	26,432
52	0	1,2799	61	0	1,8040	70	0	2,7475	79	0	5,1446	88	0	28,636
	10	1,2876		10	1,8165		10	2,7725		10	5,2257		10	31,242
	20	1,2954		20	1,8291		20	2,7980		20	5,3093		20	34,368
	30	1,3032		30	1,8418		30	2,8239		30	5,3955		30	38,188
	40	1,3111		40	1,8546		40	2,8502		40	5,4845		40	42,964
	50	1,3190		50	1,8676		50	2,8770		50	5,5764		50	49,104
53	0	1,3270	62	0	1,8807	71	0	2,9042	80	0	5,6713	89	0	57,290
	10	1,3351		10	1,8940		10	2,9319		10	5,7694		10	68,750
	20	1,3432		20	1,9074		20	2,9600		20	5,8708		20	85,940
	30	1,3514		30	1,9210		30	2,9887		30	5,9758		30	114,59
	40	1,3597		40	1,9347		40	3,0178		40	6,0844		40	171,89
	50	1,3680		50	1,9486		50	3,0475		50	6,1970		50	343,77

B. Das Kegeldrehen.

38. Kurze Kegel: Schrägstellen des Werkzeugschlittens. In Abb. 16 stellt der obere Teil einen eingespannten abgestumpften Kegel dar, der untere Teil den Flansch des Werkzeugschlittens. Soll der Kegel abgedreht werden, so muß die Achse NO des Schlittens parallel zur Kante CD des Kegels laufen. Mit anderen Worten, man muß sie um den Winkel v verstellen. Die Größe dieses Winkels kann man leicht ermitteln, denn $\angle v = \angle u$, da MO parallel zu EF und MR parallel zu EH läuft. Für $\angle u$ gilt: $\operatorname{tg} \angle u = \frac{FH}{FE}$. FE ist die Länge des Kegels bzw. des Kegelstumpfes; FH ist die halbe Kegelsteigung. Unter Steigung versteht man den Unterschied zwischen dem großen und dem kleinen Durchmesser. In Abb. 16 ist die Kegelsteigung gleich BD weniger AC; also ist GH die ganze und FH die halbe Kegelsteigung. Die Kegellänge soll kurz KL genannt werden, die halbe Steigung soll kurz HKst heißen. Dann kann man sagen:

$$\operatorname{tg} \angle u = \frac{\text{HKst}}{\text{KL}}.$$

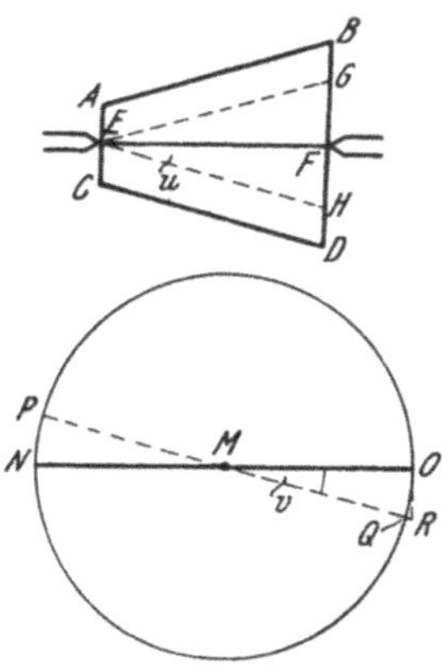

Abb. 16.

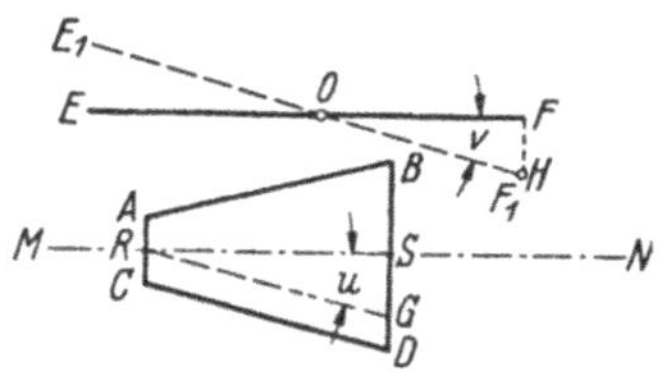

Abb. 17

Kegelsteigung und Kegellänge sind stets bekannt, folglich können wir ohne Mühe den Verstellwinkel für den Flansch berechnen.

5. Aufgabe: Kegellänge 200 mm; großer Durchmesser 50 mm; kleiner Durchmesser 40 mm.

Lösung: KL = 200 mm; ganze Steig 50 — 40 = 10 mm; HKst also 5 mm. $\operatorname{tg} \angle u = \frac{5}{200} = \frac{1}{40} = 1:40 = 0{,}0250$. Diese Zahl suchen wir in der Tangenstabelle auf und lesen als Winkel $1^0\,30'$ (d. i. $1\frac{1}{2}^0$) ab. Der Flansch ist um $1\frac{1}{2}^0$ zu verdrehen.

6. Aufgabe: Kegellänge 150 mm; Durchmesser 84 mm.

Lösung: KL = 150 mm; ganze Steigung (da der Kegel diesmal in eine Spitze ausläuft) 84 — 0 = 84; HKst = 42.

$\operatorname{tg} \angle u = \frac{42}{150} = \frac{7}{25} = 7:25 = 0{,}2800$. In der Tangenstabelle finden wir für 0,2800 den Winkel $15^0\,40'$ $(= 15\frac{2}{3}^0)$. Der Flansch wird um $15\frac{2}{3}^0$ verdreht.

7. Aufgabe: Kegellänge 440 mm; großer Durchmesser 180 mm; kleiner Durchmesser 100 mm.

Lösung: KL = 440 mm; ganze Steig = 180 — 100 = 80 mm; HKst = 40 mm. $\operatorname{tg} \angle u = \frac{40}{440} = \frac{1}{11} = 1:11 = 0{,}0909$. Für 0,0909 lesen wir aus der Tangenstabelle $5^0\,10'$ $(= 5\frac{1}{6}^0)$ ab. Der Flansch wird um $5\frac{1}{6}^0$ verdreht.

8. Aufgabe: Berechne den Verstellwinkel, wenn gegeben sind

Kegellänge (KL)	160	122	90	110	200	44,2	80 mm,
großer Durchm. (D)	60	84	100	75	120	28	56 ,,
kleiner Durchm. (d)	30	60	0	0	40	20	40 ,,

39. Lange Kegel: Drehen mit Leitschiene. Hat der Kegel eine große Länge, so wird er mit Hilfe der Leitschiene geschnitten, die dann die Führung des Werkzeugschlittens übernimmt. Die Leitschiene EF (Abb. 17) muß die Richtung der Kegelkante CD erhalten. Der $\angle v$, um den sie verstellt werden muß, ist $= \angle u$. Folglich muß in bekannter Weise die Größe des $\angle u$ bestimmt werden. Ist für die Einstellung der Leitschiene eine Gradeinteilung vorhanden, so berechnet man den Einstellwinkel u $(= v)$ nach der Formel

$$\operatorname{tg} \angle u = \frac{\text{HKst}}{\text{KL}} \text{ (Abschn. 38).}$$

9. Aufgabe: Um wieviel Grad ist die Kegelleitschiene zu verstellen?

Kegellänge (KL)	600	840	1200	1000	728 mm,
großer Durchm. (D)	80	120	144	210	112 ,,
kleiner Durchm. (d)	60	100	120	150	96 ,,

Bei mm-Einteilung für die Leitschiene ist die Strecke FH zu berechnen: $\angle v = \angle u$, folglich sind auch ihre tg gleich, also $\frac{FH}{FO} = \frac{SG}{SR}$, oder anders geschrieben $FH : FO = SG : SR$. In dieser Proportion (Abschn. 17) sind drei Glieder bekannt, denn FO = halbe Schienenlänge (HLsch), SG = halbe Kegelsteigung (HKst), SR = Kegellänge (KL). Folglich kann das vierte Glied (Strecke FH) errechnet werden: ? : HLsch = HKst : KL.

10. Aufgabe: Kegellänge 600 mm; $D = 180$ mm; $d = 120$ mm. Leitschiene 1000 mm.

Lösung: $\begin{matrix} ? : \text{HLsch} = \text{HKst} : \text{KL} \\ ? : 500 = 30 : 600 \end{matrix}; \quad \frac{500 \cdot 30}{600} = \frac{5 \cdot 5}{1} = 25 \text{ mm}.$

Also in Richtung FH sind 25 mm abzutragen. Auf diesen Punkt ist die Leitschiene einzustellen.

11. Aufgabe: Benutze die Angaben von Aufgabe 9. Nimm jedoch an, daß mm-Teilung vorhanden ist. Leitschiene a) 1000; b) 800; c) 750 mm.

IV. Arbeitszeitermittlung beim Drehen.

In diesem Kapitel wird hauptsächlich das Berechnen der Laufzeiten beim Drehen und außerdem die Ermittlung der Zeiten für Hilfs- und Nebenarbeiten behandelt, und zwar so weit, daß der Dreher es lernt, seine Drehzeiten und persönlichen Griffzeiten durch Berechnung und Selbstbeobachtung festzustellen. Er wird dann in der Lage sein, für bestimmte Arbeiten seinen Zeitbedarf nachzuprüfen oder vorauszuberechnen. Dazu sei bemerkt, daß für die Ausbildung eines Vorkalkulators natürlich noch weitere Kenntnisse notwendig sind: Er muß mit den verschiedenen Unterlagen und Hilfsmitteln der Arbeitszeitermittlung eingehend vertraut und vor allem auch in der Durchführung und Auswertung von Arbeits- und Zeitstudien[1] geübt sein.

Man muß grundsätzlich unterscheiden zwischen den Hauptzeiten, in denen die Arbeit selbst im Sinne des Auftrages weiterkommt (beim Drehen die Zeiten, in denen Späne abgenommen werden), und den Rüst- und Nebenzeiten, in denen die Einrichte-, Spann-, Schalt- und Meßarbeiten zur Ermöglichung der Hauptarbeit vorgenommen werden. Dazu kommen dann noch die Verlustzeiten zum Ausgleich der unvermeidlichen Arbeitsstörungen und Unterbrechungen, Wartezeiten u. dgl.

A. Die Hauptzeiten.

An der Hauptzeit ist immer die Drehbank beteiligt. Dabei muß man aber unterscheiden, ob der Vorschub selbsttätig durch die Maschine oder von Hand erfolgt. Im ersten Falle spricht man von Maschinenzeit, im zweiten von Handzeit. Die Maschinenzeit ist ganz mechanisch durch die Drehzahl des

[1] Ausführliche Unterlagen über Arbeitszeitermittlung sind vom Reichsausschuß für Arbeitsstudien (Refa) ausgearbeitet worden und im Beuth-Vertrieb, Berlin SW 68, erschienen.

Werkstückes und den Vorschub des Werkzeuges bestimmt. Sie kann bei Kenntnis dieser Größen berechnet werden. Die Hauptzeit-Handzeit dagegen kann man nicht mit gleicher Sicherheit berechnen, weil hier der Vorschub vom Gefühl des Drehers abhängt. Sie ist ganz ähnlich wie die übrigen Handzeiten durch die menschlichen Verhältnisse bedingt. Man kann dafür nur auf Grund häufigerer Beobachtung Durchschnittswerte als sogenannte Erfahrungs- oder Richtwerte aufstellen.

40. Die Drehzahlen[1] der Hauptspindel (Drehspindel) sind je nach Bauart der Drehbank in bestimmter Weise abgestuft, um Werkstücke verschiedenen Durchmessers und aus verschiedenen Werkstoffen mit der für sie günstigsten Umdrehungszahl bearbeiten zu können. Die Drehzahlen der neueren Bänke sind meist auf einem Schild an der Maschine angegeben. Es empfiehlt sich aber, sie bei Leerlauf oder kleinem Span und bei größeren Spänen nachzuprüfen, denn sowohl Treibriemen als auch Elektromotoren erleiden bei Belastung einen gewissen Schlupf, der bei Treibriemen außerdem noch von deren Anspannung beeinflußt wird. Für die nachfolgenden Berechnungen legt man dann zweckmäßig die „Lastdrehzahlen" zugrunde, weil dies die Mindestdrehzahlen sind und die damit berechnete Zeit beim Drehen nicht überschritten wird. Als Bezugszeit gilt die Minute, man spricht also von „Umdrehungen oder Umläufen in der Minute" (abgekürzt Uml/min oder U/min)[2]. Wir wollen nun annehmen, wir hätten eine Drehbank vor uns, auf der verschiedene Dreharbeiten ausgeführt werden sollen. Es sei eine Stufenscheibendrehbank mit vierläufiger Stufenscheibe und ausschaltbarem Rädervorgelege, also mit 8 Drehzahlen, die hier aufgeführt sind:

Schaltstufe	ohne Rädervorgelege				mit Rädervorgelege			
	1	2	3	4	5	6	7	8
Uml/min	131	90	62,5	43	14,5	10	6,9	4,7

Diese Umdrehungen sind in Abb. 19 zeichnerisch dargestellt: Ein solches „Strahlendiagramm" sollte sich jeder Dreher für seine Drehbank anfertigen. Seinen Wert zeigen die nachfolgenden Ausführungen. Anleitung zur Herstellung:

1. Zeichne das quadratische Liniennetz und trage an der unteren Kante die Zahlen für die Schnittgeschwindigkeit in m/min, an der Kante links die Zahlen für die Durchmesser in mm ein. Diese Zahlen können selbstverständlich weiter geführt werden, also z. B. für den Durchmesser 650, 700 mm usf.; sie können auch enger gewählt werden, etwa 10, 20, 30, 40 usf. beliebig weit. Dasselbe gilt auch für die Schnittgeschwindigkeit. Diese ist möglichst bis 120 m/min weiterzuführen.

[1] Das Wort „Touren" ist ein überflüssiges Fremdwort; wir sagen „Umdrehungen" oder „Umläufe" oder „Drehzahlen".

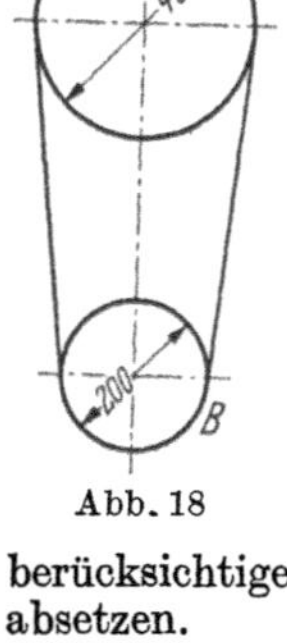

Abb. 18

[2] An dieser Stelle sei kurz die Berechnung eines Riementriebes eingefügt, weil diese Aufgabe in der Werkstatt oft vorkommt. In Abb. 18 ist *A* die treibende und *B* die getriebene Scheibe. Man rechnet ganz ähnlich wie bei Wechselrädern, nur daß bei Riementrieben die Scheibendurchmesser an die Stelle der Zähnezahlen treten. Hat *A* z. B. einen Durchmesser von 400 mm und *B* von 200 mm, so ist ihr Umfang 400 · 3,14 mm und 200 · 3,14 mm. Das Scheibenverhältnis (Radverhältnis) ist also $\frac{400 \cdot 3{,}14}{200 \cdot 3{,}14} = \frac{400}{200} = \frac{2}{1}$. Macht das treibende Rad eine Umdrehung, so macht das getriebene zwei, weil der Riemen die Umfangsgeschwindigkeit der treibenden Scheibe annimmt und auf die getriebene überträgt. Läuft also die treibende Welle mit 150 Uml/min, so muß die getriebene 300 Uml/min machen.

Merke: Die Drehzahl der getriebenen Welle ist gleich der Drehzahl der treibenden Welle mal Scheibenverhältnis. Will man den Riemenschlupf berücksichtigen, so muß man von der berechneten Drehzahl der getriebenen Welle 5 bis 10 % absetzen.

2. Die Strahlen für die Umdrehungen sind einzutragen. Zu diesem Zwecke wählt man einen beliebigen Durchmesser, z. B. 500. Hat das Werkstück einen Durchmesser von 500 mm, so ist sein Umfang 500 · 3,14 = 1570 mm = 1,57 m. Bei 1 Umdrehung werden also 1,57 m Span abgehoben, bei 4,7 Umdrehungen sind das 1,57 · 4,7 = 7,38 m. Da die 4,7 Umdrehungen in 1 min erfolgen, so auch die 7,38 m, also ist die Schnittgeschwindigkeit 7,38 Meter in der Minute (abgekürzt m/min). Die Zahl 7,38 suche ich am untern Rande der Abb. 19 auf (abschätzen zwischen 5 und 10!) und gehe senkrecht nach oben (Abb. 20). Von 500 am linken Rand gehe ich waagerecht nach rechts. Durch den Schnittpunkt der beiden Linien geht von Null aus der Strahl für 4,7 Umdrehungen. Zweiter Strahl (für 6,19 Umdrehungen): Schnittgeschwindigkeit = 500 · 3,14 · 6,9 = 10,83 m. Also 10,83 am untern Rande aufsuchen, senkrecht nach oben gehen, von 500 am linken Rande waagerecht nach rechts gehen! Durch den Schnittpunkt beider Linien geht der Strahl für 6,9 Umdrehungen. In ähnlicher Weise sind alle acht Strahlen zu finden. Zu beachten ist noch, daß die Punkte zum Ziehen der Strahlen bei den hohen Drehzahlen mit einem kleineren Durchmesser berechnet werden müssen, z. B. 300 oder 100 mm, weil sie sonst außerhalb der Zeichnung liegen.

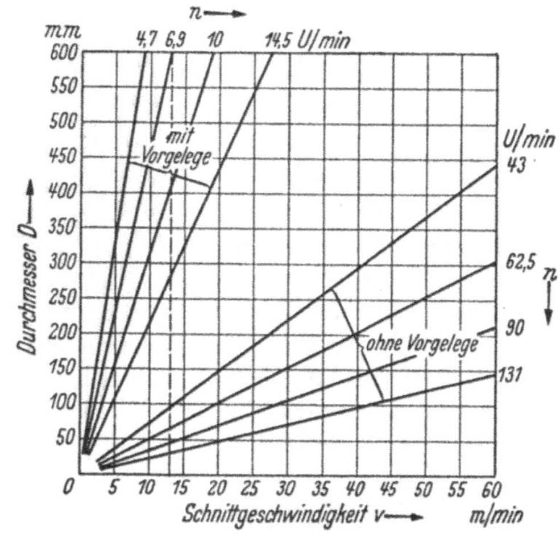

Abb. 19. Strahlendiagramm.

An dem Diagramm Abb. 19 fällt auf, daß die Strahlen in zwei Gruppen liegen mit einem leeren Feld dazwischen. Es handelt sich hier um eine ältere Drehbank. Bei neueren Bänken sind die Strahlen gleichmäßig über die ganze Fläche verteilt.

Welche Bedeutung hat die zeichnerische Darstellung?

a) Man kann leicht die Drehzahl feststellen, wenn der Durchmesser des Werkstücks und die verlangte Schnittgeschwindigkeit bekannt sind, z. B.:

Durchmesser 150 mm, Schnittgeschwindigkeit 20 m/min, Drehzahl = ?

Lösung: Am untern Rande 20 m/min aufsuchen und senkrecht nach oben gehen! Am linken Rande 150 mm aufsuchen und waagerecht nach rechts gehen. Durch den Schnittpunkt der beiden Linien geht der Strahl 43; also ohne Vorgelege geringste Umlaufszahl einschalten.

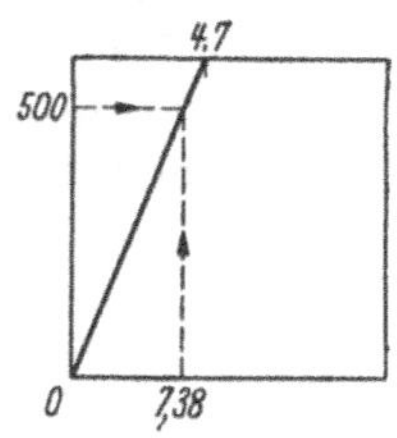

Abb. 20.

Durchmesser 220 mm, Schnittgeschwindigkeit 12 m/min, Drehzahl = ?

Lösung: Am untern Rand 12 aufsuchen (abschätzen) und senkrecht nach oben gehen. Am linken Rand 220 aufsuchen (abschätzen) und waagerecht nach rechts gehen. Schnittpunkt feststellen! In der Nähe davon liegt Strahl 14,5; also mit Vorgelege höchste Umlaufszahl.

b) Man kann feststellen, mit welcher Schnittgeschwindigkeit man wirklich arbeitet, z. B.:

Durchmesser 80 mm, Drehzahl 90 Uml/min, Schnittgeschwindigkeit = ?

Lösung: Links 80 mm aufsuchen (abschätzen) und waagerecht nach rechts gehen, bis Umlaufsstrahl 90 getroffen wird. Von dort senkrecht nach unten gehen. Man liest dann als Schnittgeschwindigkeit rund 23 m/min ab.

1. Aufgabe: Wähle nach diesen Mustern selbst Aufgaben und löse sie!

2. Aufgabe: Stelle von deiner Drehbank ein Strahlendiagramm her, möglichst groß! Führe die Durchmesserzahlen bis 1000 mm, die Schnittgeschwindigkeiten bis 120 m/min durch.

41. Berechnen der Laufzeit (Schnittdauer). Der Leser wird sich nunmehr so weit in den Stoff hineingearbeitet haben, daß die üblichen Abkürzungen und Formeln benutzt werden können. Es bedeuten:

D Durchmesser (mm).
L Drehlänge (mm).
n Umdrehungen (Uml/min).
s Vorschub (mm/Uml).
v Schnittgeschwindigkeit (m/min).
i Anzahl der Schnitte.
t_h Hauptzeit (min).

Schnittgeschwindigkeiten und Vorschübe hängen ab von verschiedenen Eigenschaften des Werkstückes, des Drehmeißels und der Drehbank. Umfangreiche wissenschaftliche Untersuchungen sind angestellt worden, um diese Verhältnisse zu klären, auch heute wird noch an diesen Fragen gearbeitet; eine Fülle von Ergebnissen ist bereits der Öffentlichkeit bekanntgegeben[1]. Schnittgeschwindigkeiten, wie man sie unter mittleren Verhältnissen als ersten Anhalt annehmen kann, sind in Tabelle 14 wiedergegeben. Für den Vorschub kommen vor allem die Dicke der abzuhebenden Schicht, die Güte und Genauigkeit der zu schaffenden Fläche, die Art und Größe des Werkstückes, kurz eine solche Anzahl von Gesichtspunkten in Frage, daß hier keine bestimmten Werte angegeben werden können. Man muß den Vorschub von Fall zu Fall nach den praktischen Verhältnissen wählen. Er liegt meist zwischen 0,1 und 1 mm/Uml.

Tabelle 14.
Schnittgeschwindigkeiten beim Drehen mit Schnelldrehstahl.

Zu bearbeitender Werkstoff	v m/min	Zu bearbeitender Werkstoff	v m/min
Werkzeugstahl	9	Temperguß	18
Chromnickelstahl . . .	11	Bronze	40
Stahlguß	13	Messing	60
Stahl, Gußeisen . . .	18	Aluminium	120

1. Aufgabe: Eine Welle aus Stahlguß soll mit 2 Schnitten geschruppt werden. $D = 60$ mm, $L = 600$ mm, mittelschwere Schnelldrehbank mit Umdrehungen nach Abb. 19. Wie groß ist die Laufzeit, wenn der Vorschub $s = 0{,}5$ mm/Uml beträgt?

Lösung: Tabelle 14 nennt für Stahlguß 13 m/min Schnittgeschwindigkeit, also $v = 13$. D ist $= 60$ mm, folglich sind nach Abb. 19 $n = 62{,}5$ Uml/min einzuschalten. 62,5 Umdrehungen erfordern 1 min Laufzeit. Kennt man die Gesamtzahl der Umdrehungen, so braucht man diese Zahl nur durch 62,5 (also durch n) zu teilen, um die Gesamtlaufzeit (t_h) zu erhalten. Die Gesamtumlaufszahl ist aber leicht zu ermitteln; sie ist Drehlänge (L) geteilt durch Vorschub (s). In unserer Augfabe ist $L = 600$ mm, $s = 0{,}5$ mm. Also Laufzeit $= \frac{L}{s \cdot n}$. Da 2 Schnitte notwendig sind, ist noch mit $i = 2$ malzunehmen. So ergibt sich die Formel

$$t_h = \frac{L \cdot i}{s \cdot n} \text{ min.}$$

Zur Lösung der Aufgaben sind für die Buchstaben die entsprechenden Zahlen einzusetzen. Bei vorstehender Aufgabe also

$$t_h = \frac{L \cdot i}{s \cdot n} = \frac{600 \cdot 2}{0{,}5 \cdot 62{,}5} = \frac{1200}{31{,}25} = 120000 : 3125 = 38{,}2 \text{ min.}$$

[1] Zum Beispiel in Werkstattbuch 61: Zerspanbarkeit der Werkstoffe, oder Heft 62: Hartmetalle in der Werkstatt.

2. Aufgabe: Eine Spindel aus Gußeisen ist mit 1 Schnitt zu schlichten. $D = 64$ mm; $L = 800$ mm. Wie groß ist die Laufzeit?

Lösung: $L = 800$, $D = 64$, $s = 0{,}2$ (angenommen), $v = 18$ (Tabelle 14), $i = 1$. $D = 64$ und $v = 18$ führen nach Abb. 19 auf $n = 90$, folglich

$$t_h = \frac{800 \cdot 1}{0{,}2 \cdot 90} = \frac{800}{18} = 800 : 18 = 44{,}4 \text{ min.}$$

3. Aufgabe: Eine Scheibe aus Stahlguß ist auf mittlerer Drehbank mit 2 Schnitten plan zu schruppen. $D = 600$ mm. Berechne die Laufzeit!

Lösung: Gesamte Drehlänge $L = 300$ mm, nämlich halber Durchmesser (Abb. 21: MN = Länge), $s = 0{,}5$ mm angenommen, $v = 13$ (Tabelle 14), $i = 2$. Beim Plandrehen wird der Schneidstahl in Spiralform weitergeführt. Der Drehdurchmesser wird immer kleiner und damit auch die Schnittgeschwindigkeit. Bei $D = 600$ und $v = 13$ erhält man nach Abb. 19 die Drehzahl $n = 6{,}9$. Damit fangen wir an zu drehen, bis wir bei ungefähr $D = 400$ auf die nächst höhere Drehzahl $n = 10$ schalten können, um wieder $v = 13$ zu erhalten. Das wiederholt sich bei $D = 280$ mit $n = 14{,}5$ und bei $D = 100$ mit $n = 43$. Bei den ganz kleinen Durchmessern bringt das Weiterschalten nur verhältnismäßig geringen Gewinn an Zeit. — Bei Schlichtarbeiten darf man nicht schalten, weil sonst auf der Bearbeitungsfläche eine unsaubere Stelle entsteht. Man muß also die ganze Fläche mit der Anfangsdrehzahl schlichten, wenn man nicht eine Drehbank zur Verfügung hat, deren Umdrehungen ohne Gangstörungen während des Ganges stetig geschaltet werden können. — In Abb. 19 kann man das Schalten auf höhere Drehzahlen bei abnehmendem Durchmesser durch eine Senkrechte darstellen, die bei $v = 13$ errichtet wird und die den Strahl $n = 6{,}9$ auf der Waagerechten für $D = 600$ trifft. Siehe gestrichelte Linie in Abb. 19. Die Schnittstellen dieser Linie mit den Strahlen der Drehzahlen geben die Umdrehungen an, bei denen geschaltet wird. Den Drehkreisabständen entsprechen dann auch die einzelnen Drehlängen, als erste Drehlänge $= \frac{600}{2} - \frac{400}{2} = 300 - 200$, zweite Drehlänge $= \frac{400}{2} - \frac{280}{2} = 200 - 140$ usw. Man erhält dann für zwei Schnitte folgende Laufzeit:

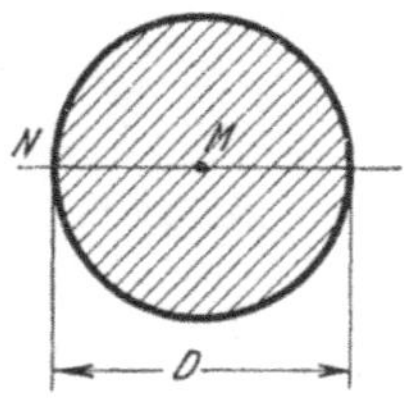

Abb. 21

$$\begin{aligned} t_h &= \left(\frac{300 - 200}{6{,}9 \cdot 0{,}5} + \frac{200 - 140}{10 \cdot 0{,}5} + \frac{140 - 50}{14{,}5 \cdot 0{,}5} + \frac{50 - 0}{43 \cdot 0{,}5}\right) \cdot 2 \\ &= \left(\frac{100}{3{,}45} + \frac{60}{5} + \frac{90}{7{,}25} + \frac{50}{21{,}5}\right) \cdot 2 \\ &= (29 + 12 + 12{,}4 + 2{,}3) \cdot 2 = 55{,}7 \cdot 2 = 111{,}4 \text{ min.} \end{aligned}$$

Wenn man, wie vielfach üblich, zur Vermeidung dieses etwas umständlichen, aber genauen Rechnens mit dem mittleren Durchmesser und der mittleren Drehzahl rechnet, so erhält man einen zu kleinen Zeitwert. Ein annähernd richtiges Ergebnis bekommt man, wenn man zunächst so rechnet, als sollte die ganze Fläche mit der ersten Drehzahl überdreht werden wie beim Schlichten, und dann von dem berechneten Zeitwert $\frac{2}{3}$ nimmt. Für unsere Aufgabe sieht das so aus:

$$t_h = \tfrac{2}{3} \cdot \frac{2 \cdot 300}{6{,}9 \cdot 0{,}5}, \text{ gekürzt} = \frac{2 \cdot 2 \cdot 100}{6{,}9 \cdot 0{,}5} = \frac{400}{3{,}45} = 116 \text{ min.}$$

4. Aufgabe: Eine Ringfläche (Abb. 22) ist mit 2 Schnitten zu schruppen. Werkstoff: Gußeisen. Äußerer Durchmesser $D_a = 360$ mm; innerer Durchmesser $D_i = 280$ mm.

Lösung: $L = 40$ mm (NO in Abb. 22; das ist $\frac{1}{2} D_a - \frac{1}{2} D_i$, also $180 - 140 = 40$);

$s = 0{,}4$ angenommen; $v = 18$ (Tabelle 14); $i = 2$; mittlerer Durchmesser[1] $D = \frac{280 + 360}{2} = \frac{640}{2} = 320$; $n = 14{,}5$ (Abb. 19).

$$t_h = \frac{L \cdot i}{s \cdot n} = \frac{40 \cdot 2}{0{,}4 \cdot 14{,}5} = \frac{80}{5{,}8} = 800 : 58 = 13{,}8 \text{ min.}$$

5. Aufgabe: Wähle nach den Mustern von Aufgabe 1 bis 4 selbständig neue Aufgaben und löse sie! Benutze a) die Umlaufsstrahlen von Abb. 19; b) die Umlaufsstrahlen deiner Drehbank!

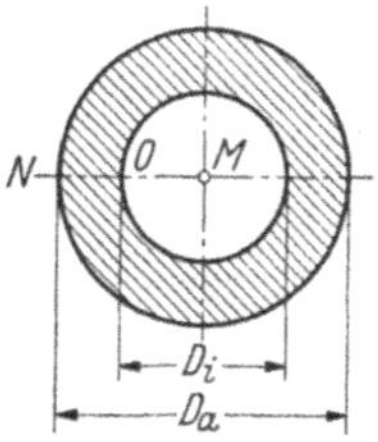

Abb. 22

42. Allgemeine Laufzeitformel. Der Kalkulator kann in seinen Laufzeitberechnungen häufig nicht auf eine bestimmte Drehbank Bezug nehmen. Er rechnet dann allgemein und benutzt mittlere Werte ohne Rücksicht darauf, ob sie von einer bestimmten Drehbank genau innegehalten werden können. Die vorkalkulierten Laufzeiten liegen dann um einiges über oder unter den tatsächlichen Laufzeiten. Die nachfolgenden Ausführungen sollen dem Dreher zeigen, wie man beide Berechnungsarten durchführen und die Zeiten vergleichen kann. Auch der Kalkulator findet die Laufzeit nach der Formel $t_h = \frac{L \cdot i}{s \cdot n}$. Der Wert für n wird aber nicht dem Strahlendiagramm, das für eine bestimmte Drehbank gilt, entnommen, sondern er wird errechnet. Hat das Werkstück einen Umfang von 2 m ($D\pi = 2$, also D in m gerechnet), und sind 24 m/min Schnittgeschwindigkeit gestattet ($v = 24$), so können, wie leicht einzusehen ist, 12 Uml/min eingeschaltet werden, also $n \doteq 12$; das ist $n = \frac{24}{2}$ oder $n = \frac{v}{D\pi}$. Bei einem Umfang von 3 m und einer Schnittgeschwindigkeit von 18 m/min können 6 Umdrehungen eingeschaltet werden, kurz $n = \frac{18}{3}$, das ist wieder $n = \frac{v}{D\pi}$. In der Formel $t_h = \frac{L \cdot i}{s \cdot n}$. kann der Teiler n also durch den Bruch $\frac{v}{D\pi}$ ersetzt werden. Man teilt aber durch einen Bruch, indem man mit umgekehrtem Werte malnimmt (Abschn. 5). Dann sieht die Formel so aus: $t_h = \frac{L \cdot i \cdot D \cdot \pi}{s \cdot v}$. Zu berücksichtigen ist dabei, daß der Durchmesser (D) in m einzusetzen ist. Millimeter verwandelt man in Meter, indem man durch 1000 teilt, also D in mm $= \frac{D}{1000}$ in m. Endgültige Formel also

$$t_h = \frac{L \cdot i \cdot D \cdot \pi}{s \cdot 1000 \cdot v} \text{ min.}$$

6. Aufgabe: Eine Welle aus Chromnickelstahl soll auf mittlerer Drehbank mit 2 Schnitten geschruppt werden. $L = 800$ mm; $D = 150$ mm. Berechne die Laufzeit a) durch Anwendung der allgemeinen Formel, b) durch Anwendung des Strahlendiagramms Abb. 19.

Lösung: $L = 800$; $s = 1$ angenommen; $i = 2$; $D = 150$ mm; $v = 11$ (Tabelle 14).

a) $$t_h = \frac{L \cdot i \cdot D \cdot \pi}{s \cdot 1000 \cdot v} = \frac{800 \cdot 2 \cdot 150 \cdot 3{,}14}{1 \cdot 1000 \cdot 11} = \frac{8 \cdot 2 \cdot 15 \cdot 3{,}14}{1 \cdot 11} = \frac{753{,}60}{11} = 68{,}5 \text{ min.}$$

b) In Abb. 19 erhält man mit $D = 150$ und $v = 11$ einen Schnittpunkt, der zwischen den Strahlen für $n = 14{,}5$ und 43 liegt. Man muß sich entscheiden und wählt, da $v = 11$ nicht überschritten werden soll, die kleinere Drehzahl $n = 14{,}5$.

[1] Beim Berechnen der Laufzeit einer Kreisringfläche kann im Gegensatz zu den in Aufgabe 3 gemachten Angaben ohne Bedenken mit dem mittleren Durchmesser gerechnet werden, falls wie hier die Ringfläche schmal ist im Verhältnis zum Durchmesser.

Dabei wird v allerdings nur $= 7$ m/min, d. h. diese Drehbank ist für die vorliegende Arbeit schlecht geeignet und ergibt daher auch eine wesentlich höhere Laufzeit als unter a errechnet:

$$t_h = \frac{L \cdot i}{s \cdot n} = \frac{800 \cdot 2}{1 \cdot 14{,}5} = \frac{1600}{14{,}5} = 16000 : 145 = 110{,}3 \text{ min.}$$

Dadurch also, daß bei der Drehbank nach Abb. 19 die in diesem Falle günstigste Drehzahl nicht vorhanden ist, ergibt sich zuungunsten des Drehers ein Zeitunterschied von 42 min. Wählt man eine höhere Drehzahl, als nach Abb. 19 eigentlich zulässig ist, was bei kleinen Unterschieden unbedenklich geschehen kann, so entsteht ein Zeitunterschied zugunsten des Drehers, z. B.:

7. Aufgabe: Wellenlänge 1000 mm; Werkstoff Stahl; $D = 150$ mm; Schlichten mit 1 Schnitt. Berechne die Laufzeit wie in Aufgabe 6.

Lösung: $L = 1000$; $s = 0{,}25$ angenommen; $i = 1$; $D = 150$; $v = 18$ (Tabelle 14); $n = 43$ (Abb. 19).

a) $$t_h = \frac{L \cdot i \cdot D \cdot \pi}{s \cdot 1000 \cdot v} = \frac{1000 \cdot 1 \cdot 150 \cdot 3{,}14}{0{,}25 \cdot 1000 \cdot 18} = \frac{1 \cdot 1 \cdot 25 \cdot 3{,}14}{0.25 \cdot 1 \cdot 3} = \frac{314}{3} = 104{,}7 \text{ min.}$$

b) $$t_h = \frac{L \cdot i}{s \cdot n} = \frac{1000 \cdot 1}{0{,}25 \cdot 43} = \frac{4000}{43} = 4000 : 43 = 93 \text{ min.}$$

8. Aufgabe: Berechne die Laufzeiten! (Muster Aufgabe 6 u. 7).

	Form	Länge	Durchmesser	Werkstoff	Bearbeitung	Drehbank
a)	Welle	750 mm	120 mm	Stahlguß	schruppen 2 Schn.	mittel
b)	„	1420 „	90 „	Gußeisen	schlichten 1 „	kräftig
c)	Scheibe	—	640 „	Bronze	schruppen 2 „	mittel
d)	„	—	800 „	Temperguß	schlichten 1 „	mittel
e)	Ringfläche	—	600 u. 480 mm	Messing	schruppen 2 „	kräftig
f)	„	—	720 u. 500 „	Gußeisen	schlichten 1 „	kräftig

9. Aufgabe: Benutze die Angaben von Aufgabe 8 und rechne die Laufzeiten für deine Drehbank aus! (Strahlendiagramm deiner Drehbank!)

B. Die gesamte Arbeitszeit.

Für die gesamte Arbeitszeit sind außer der Hauptzeit (t_h) auch die Nebenzeiten und Rüstzeiten zu berücksichtigen. Dazu kommt dann noch ein Verlustzeitzuschlag, dessen Höhe gewöhnlich in Prozenten festgesetzt wird (10 ... 20%).

Tabelle 15. Richtwerte für Spannzeiten in Minuten.

Art des Spannens	bis 5 kg	bis 20 kg	über 20 kg
Zwischen Spitzen und im Futter .	0,8	1,5	2,5
Dorn oder Planscheibe	1,5	2,5	4

Tabelle 16. Richtwerte für Anstellen und Messen.

Allgemein für den 1. Span	1 min
Für jeden weiteren Schruppspan	0,5 „
„ „ „ Schlichtspan	1 „
„ „ „ „ bei Werkstücken über 300 mm Länge	2 „

Tabelle 17. Richtwerte für Rüstzeiten.

Regelmäßig vorkommendes Rüsten (einschl. Abrüsten)	8 min
In besonderen Fällen (z. B. für das Aufbringen besonders schwerer Planscheiben, besonderer Spannvorrichtungen) zusätzlich	5 „

Zu den Nebenzeiten, die ebenso wie die Hauptzeiten bei jedem Stück wieder vorkommen, rechnet man das Spannen, Anstellen, Messen usw.

Rüstzeiten sind die Zeiten für das Herrichten, Aufräumen, Säubern des Arbeitsplatzes und der Betriebsmittel, für das Empfangen des Auftrages, die Besprechung desselben, für das Besorgen des Werkstoffes und Werkzeuges. Rüstzeiten kommen bei jedem Auftrag (Akkord) nur einmal vor und werden deshalb in der Zeitzusammenstellung von den Stückzeiten getrennt angegeben.

Tabelle 18. Richtwerte für das Schneiden von Whitworthgewinde auf der Drehbank.

Werkstoff Stahl mittlerer Festigkeit. Zeiten in Minuten.

Gewindelänge in mm	Gewindegröße in Zoll									
	$^3/_8$	$^1/_2$	$^5/_8$	$^3/_4$	$^7/_8$	1	$1^1/_4$	$1^1/_2$	$1^3/_4$	2
15	7	7	8	8	—	—	—	—	—	—
20	8	8	8	9	—	—	—	—	—	—
30	9	9	9	10	10	11	12	12	—	—
40	9	9	10	11	11	12	13	13	15	—
50	10	10	11	12	13	13	14	15	15	16
60	12	12	12	13	14	14	15	16	17	18
80	13	13	14	14	15	16	17	18	19	20
100	15	15	15	16	17	18	19	20	21	22
125	17	17	17	18	19	20	21	23	24	25
150	—	—	19	20	21	22	24	25	26	28
175	—	—	—	22	24	25	27	28	29	30
200	—	—	—	—	—	27	29	30	31	33
	Schnittgeschwindigkeiten in m/min									
Vorschneiden	5	5,5	6,5	7,5	8	8	8	9	9	10
Fertigschneiden	3,5	3,5	3,5	4,0	4	4	4	4	4	4
	Anzahl der Schnitte									
Vorschneiden	10	10	10	11	11	12	13	13	14	15
Fertigschneiden	5	5	5	6	6	6	6	7	7	7

Tabelle 19. Berechnungsbeispiel für eine Riemenscheibe.

Bezeichnung des Werkstückes, Zeichnung, Werkstoff	Fläche	Art der Arbeit	L	D	v	s	i	gleiche Flächen	Zeit in min	min
Riemenscheibe, Gußeisen	a	schruppen . .	600	800	18	0,5	1	1	167,4	
		schlichten . .	600	800	18	1,5	1	1	55,8	
	b	schruppen . .	10	800	18	0,5	1	2	5,6	
		schlichten . .	10	800	18	0,5	1	2	5,6	
	c	schruppen . .	50	180	18	0,5	1	2	4,5	
		schlichten . .	50	180	18	0,5	1	2	4,5	
	d	bohren:								
		1. Schnitt . .	120	80	15	0,2	1	2	20,1	
		2.—4. Schnitt	120	80	15	0,5	3	2	24,1	
		nachreiben .	120	80	10	1,5	1	2	4,0	
	e	abrunden . .						2	6,0	
		Hauptzeit							297,6	
		Nebenzeit[1]							35,0	
		Grundzeit[2]							332,6	
		Verlustzeitzuschlag z. Grundzeit (12 %) .							40,0	
		Stückzeit (für 1 Stck.)							372,6	375
		Rüstgrundzeit[3]							13,0	
		Verlustzeitzuschlag z. Rüstzeit (12 %) .							1,6	
		Rüstzeit							14,6	15
		Vorgabezeit[4]								390

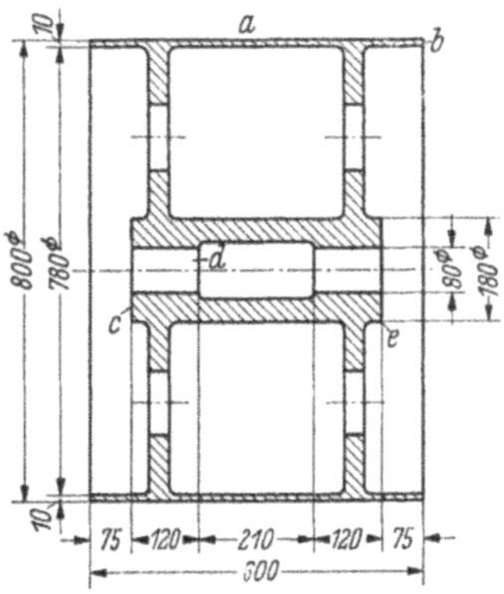

Abb. 23.

[1] Berechnet aus den Tabellen 15 u. 16.
[2] Grundzeit = Hauptzeit + Nebenzeit.
[3] Geschätzt nach Tabelle 17.
[4] Vorgabezeit = Rüstzeit + Stückzahl mal Stückzeit.

Verlustzeiten entstehen durch persönliche Bedürfnisse, Schäden der Betriebseinrichtungen, Wartezeiten, Schmieren der Maschine usw.

Nur die Hauptzeit, soweit sie reine Maschinenzeit ist, kann genau berechnet werden. Die übrigen Zeiten sind von den Betriebseinrichtungen, von Maschinen, Werkzeugen, vom Werkstoff usw. abhängig. Hier kann es sich nur um Schätzungen und Erfahrungswerte handeln. Zweckmäßig werden solche Zeiten durch Zeitaufnahmen ermittelt. Da in jedem Betrieb andere Hilfseinrichtungen und andere Verhältnisse vorhanden sind, so muß sich jeder Betrieb auch die Tabellen mit den Erfahrungswerten selbst aufstellen. Die in den Tabellen 15 bis 18 angeführten Werte[1] können nur Richtwerte sein, wie schon oben (unter IV A) angegeben wurde.

Die Tabelle 18 enthält die Zeiten für Schneiden, Supportrückkurbelung, Anstellen der Schnitte, Messen und Lehrringaufpassen und Gewindesaubermachen. Nicht enthalten sind darin die Zeiten für Stähleschleifen und -wechseln und die Rüstzeiten.

Zu ihren Vorkalkulationen benutzen die Betriebe häufig Vordrucke, in die die Zahlenwerte eingetragen werden. Ein Muster dafür möge folgen (Tabelle 19).

Ausrechnungen nach der Formel $t_h = \frac{L \cdot D \cdot \pi \cdot i}{s \cdot 1000 \cdot v}$:

Fläche a schruppen:

$$t_h = \frac{L \cdot D \cdot \pi \cdot i}{s \cdot 1000 \cdot v} = \frac{600 \cdot 800 \cdot 3{,}14 \cdot 1}{0{,}5 \cdot 1000 \cdot 18} = \frac{10 \cdot 8 \cdot 3{,}14 \cdot 1}{0{,}5 \cdot 1 \cdot 3} = \frac{251{,}2}{1{,}5} = 167{,}4 \text{ min};$$

Fläche a schlichten:

$$t_h = \frac{600 \cdot 800 \cdot 3{,}14 \cdot 1}{1{,}5 \cdot 1000 \cdot 18} = \frac{\text{[illegible]} \cdot 3{,}14 \cdot 1}{1{,}5 \cdot 1 \cdot 3} = \frac{251{,}2}{4{,}5} = 55{,}8 \text{ min};$$

Fläche b schruppen:

$$t_h = \frac{10 \cdot 800 \cdot 3{,}14 \cdot 1}{0{,}5 \cdot 1000 \cdot 18} \cdot 2 = \frac{1 \cdot 8 \cdot 3{,}14 \cdot 1}{0{,}5 \cdot 1 \cdot 18} \cdot 2 = \frac{50{,}24}{9} = 5{,}6 \text{ min};$$

Fläche d bohren, 2.—4. Schnitt:

$$t_h = \frac{120 \cdot 80 \cdot 3{,}14 \cdot 3}{0{,}5 \cdot 1000 \cdot 15} \cdot 2 = \frac{12 \cdot 8 \cdot 3{,}14 \cdot 1}{5 \cdot 1 \cdot 5} \cdot 2 = \frac{602{,}88}{25} = 24{,}1 \text{ min usf.}$$

Berechnung der Nebenzeiten:

a) Spannzeiten nach Tabelle 15: Das Gewicht des Werkstückes beträgt mehr als 20 kg; folglich sind für einmal Spannen (einschl. Lösen) = 2,5 beziehungsweise 4 min einzusetzen.

Das Werkstück wird zunächst an die Planscheibe gespannt, dann wird es einmal umgespannt und zum Schlichten der Fläche a usw. auf einem Dorn zwischen Spitzen gespannt; folglich Spannzeiten = 3 · 4 = 12 min.

b) Zeiten für Anstellen und Messen nach Tabelle 16:

7 erste Schruppspäne	=	7 min
4 weitere Schruppspäne	=	2 „
3 Schlichtspäne über 300 mm Länge	=	6 „
4 weitere Schlichtspäne	=	4 „
Nachreiben und Abrunden	=	4 „
Summe	=	23 min

Gesamte Nebenzeit = 12 + 23 = 35 min.

Schätzen der Rüstgrundzeit nach Tabelle 17:

Regelmäßige Rüstzeit (einschl. Abrüsten) = 8 min.

---

[1] Entnommen aus: HAAKE: Arbeitszeitermittlung im Maschinenbauer-Handwerk. Berlin: Beuth-Vertrieb 1939.

Da die Riemenscheibe 800 mm Durchmesser hat und angenommen wird, daß eine schwere Planscheibe auf die Spindel der Drehbank aufgebracht werden muß, ist ein Zuschlag von 5 min zu machen, so daß die Rüstgrundzeit mit 13 min einzusetzen ist. Erwähnt sei jedoch, daß diese Werte nur Richtwerte sind. Sie können unter Umständen erheblich überschritten werden, da sie von den Betriebseinrichtungen und anderen Verhältnissen abhängig sind (siehe S. 63).

In der Tabelle 19 wird angenommen, daß nur eine Riemenscheibe anzufertigen ist. Bei Herstellung von mehreren, z. B. 3 gleichen Scheiben, bleibt die Berechnung genau so wie oben, nur muß dann die Stückzeit mit 3 malgenommen werden; also $375 \cdot 3 = 1125$ min. Die Rüstzeit aber bleibt die gleiche. Folglich beträgt die Vorgabezeit für 3 Scheiben $1125 + 15 = 1140$ min.

10. Aufgabe: Berechne die Zeiten für obige Riemenscheibe nach der Formel $t_h = \frac{L \cdot i}{s \cdot n}$, und zwar a) unter Anwendung des Strahlendiagramms Abb. 19, b) unter Anwendung des Strahlendiagramms deiner Drehbank.

11. Aufgabe: Vier Spindeln von je 800 mm Länge und 125 mm äußerem Durchmesser sollen auf 200 mm Länge 1zölliges Whitworthgewinde erhalten. Werkstoff = mittelharter Stahl; 2 Schruppschnitte, 1 Schlichtschnitt für die ganze Länge. Entnimm die notwendigen Werte den Tabellen 15 bis 18 und berechne die Vorgabezeit! (Entnimm der Tabelle 18 nicht die ausgerechneten Zeiten in min, sondern rechne diese Zeiten selbst aus!)

Rechne a) $t_h = \frac{L \cdot D \cdot \pi \cdot i}{s \cdot 1000 \cdot v}$, b) $t_h = \frac{L \cdot i}{s \cdot n}$ (Abb. 19).

III. Spanlose Formung (Fortsetzung)

Heft

Gesenkschmiede I (Gestaltung und Verwendung der Werkzeuge). 2. Aufl. Von H. Kaessberg . . . 31
Gesenkschmiede II (Herstellung und Behandlung der Werkzeuge). Von H. Kaessberg 58
Das Pressen der Metalle (Nichteisenmetalle). Von A. Peter . . . 41
Die Herstellung roher Schrauben I (Anstauchen der Köpfe). Von J. Berger 39
Stanztechnik I (Schnittechnik). 2. Aufl. Von E. Krabbe . . . 44
Stanztechnik II (Die Bauteile des Schnittes). 2. Aufl. Von E. Krabbe. (Im Druck) 57
Stanztechnik III (Grundsätze für den Aufbau von Schnittwerkzeugen). Von E. Krabbe 59
Stanztechnik IV (Formstanzen). Von W. Sellin . . . 60
Die Ziehtechnik in der Blechbearbeitung. 3. Aufl. Von W. Sellin. (Im Druck) . . . 25
Hydraulische Preßanlagen für die Kunstharzverarbeitung. Von H. Lindner . . . 82

IV. Schweißen, Löten, Gießerei

Die neueren Schweißverfahren. 4. Aufl. Von P. Schimpke . . . 13
Das Lichtbogenschweißen. 3. Aufl. Von E. Klosse. (Im Druck) . . . 43
Praktische Regeln für den Elektroschweißer. Von Rud. Hesse . . . 74
Widerstandsschweißen. Von Wolfgang Fahrenbach . . . 73
Das Schweißen der Leichtmetalle. Von Theodor Ricken . . . 85
Das Löten. 2. Aufl. Von W. Burstyn . . . 28
Das ABC für den Modellbau. Von E. Kadlec . . . 72
Modelltischlerei I (Allgemeines, einfachere Modelle). 2. Aufl. Von R. Löwer 14
Modelltischlerei II (Beispiele von Modellen und Schablonen zum Formen). 2. Aufl. Von R. Löwer . . . 17
Modell- und Modellplattenherstellung für die Maschinenformerei. Von Fr. und Fe. Brobeck . . . 37
Der Gießerei-Schachtofen im Aufbau und Betrieb. 3. Aufl. von „Kupolofen-Betrieb". Von Joh. Mehrtens . . . 10
Handformerei. Von F. Naumann . . . 70
Maschinenformerei. Von U. Lohse . . . 66
Formsandaufbereitung und Gußputzerei. Von U. Lohse . . . 68

V. Antriebe, Getriebe, Vorrichtungen

Der Elektromotor für die Werkzeugmaschine. Von O. Weidling . . . 54
Hohe Drehzahlen durch Schnellfrequenz-Antrieb. Von Fritz Beinert und Hans Birett 84
Die Getriebe der Werkzeugmaschinen I (Aufbau der Getriebe für Drehbewegungen). Von H. Rögnitz . . . 55
Maschinelle Handwerkzeuge. Von H. Graf . . . 79
Die Zahnformen der Zahnräder. 2. Aufl. Von H. Trier. (Im Druck) . . . 47
Die Kraftübertragung durch Zahnräder. Von H. Trier . . . 87
Einbau und Wartung der Wälzlager. Von W. Jürgensmeyer . . . 29
Teilkopfarbeiten. 2. Aufl. Von W. Pockrandt . . . 6
Spannen im Maschinenbau. Von F. Klautke . . . 51
Der Vorrichtungsbau I (Einteilung, Einzelheiten und konstruktive Grundsätze). 4. Aufl. Von F. Klautke † . . . 33
Der Vorrichtungsbau II (Typische Einzelvorrichtungen, Bearbeitungsbeispiele mit Reihen planmäßig konstruierter Vorrichtungen). 3. Aufl. Von F. Grünhagen . . 35
Der Vorrichtungsbau III (Wirtschaftliche Herstellung und Ausnutzung der Vorrichtungen). 2. Aufl. Von F. Grünhagen . . . 42

VI. Prüfen, Messen, Anreißen, Rechnen

Werkstoffprüfung (Metalle). 3. Aufl. Von P. Riebensahm. (Im Druck) . . . 34
Metallographie. 2. Aufl. Von O. Mies . . . 64
Technische Winkelmessungen. 2. Aufl. Von G. Berndt . . . 18
Messen und Prüfen von Gewinden. Von K. Kress . . . 65
Das Anreißen in Maschinenbau-Werkstätten. 2. Aufl. Von F. Klautke . . . 3
Das Vorzeichnen im Kessel- und Apparatebau. Von A. Dorl . . . 38
Technisches Rechnen I. 2. Aufl. Von V. Happach . . . 52
Technisches Rechnen II. 2. Aufl. Von V. Happach. (Im Druck) . . . 90
Der Dreher als Rechner. 3. Aufl. Von E. Busch. (Im Druck) . . . 63
Feinstarbeit, Rechnen und Messen im Lehren-, Vorrichtungs- und Werkzeugbau. Von E. Busch und F. Kähler . . . 86
Prüfen und Instandhalten von Werkzeugen und anderen Betriebsmitteln. Von P. Heinze . . . 67